Rajabu Hamisi
Per-Erik Jansson

Simulações das Condições do Balanço Hídrico e da Variabilidade Climática

Rajabu Hamisi
Per-Erik Jansson

Simulações das Condições do Balanço Hídrico e da Variabilidade Climática

para uma agricultura e energia sustentáveis na bacia inferior do rio Rufiji - Tanzânia

ScienciaScripts

Imprint
Any brand names and product names mentioned in this book are subject to trademark, brand or patent protection and are trademarks or registered trademarks of their respective holders. The use of brand names, product names, common names, trade names, product descriptions etc. even without a particular marking in this work is in no way to be construed to mean that such names may be regarded as unrestricted in respect of trademark and brand protection legislation and could thus be used by anyone.

Cover image: www.ingimage.com

This book is a translation from the original published under ISBN 978-3-659-86609-8.

Publisher:
Sciencia Scripts
is a trademark of
Dodo Books Indian Ocean Ltd. and OmniScriptum S.R.L publishing group

120 High Road, East Finchley, London, N2 9ED, United Kingdom
Str. Armeneasca 28/1, office 1, Chisinau MD-2012, Republic of Moldova, Europe
Managing Directors: Ieva Konstantinova, Victoria Ursu
info@omniscriptum.com

Printed at: see last page
ISBN: 978-620-8-55340-1

ÍNDICE

DEDICAÇÃO

Este trabalho é dedicado a todas as pessoas da Bacia Hidrográfica do Baixo Rufiji, cuja subsistência é frequentemente afetada pelos acontecimentos imprevistos das cheias e das secas do solo. Um agradecimento especial vai para a minha mulher, Zakia Hassan, e para os meus filhos, Tafi e Busali. O seu forte apoio pertinente e a sua paciência em várias etapas contribuíram para a realização genuína deste trabalho.

RESUMO EM INGLÊS

A seca dos solos, as inundações graves e a intrusão da salinidade são os problemas ambientais mais graves na bacia do Baixo Rufiji (LRB). A gravidade da seca dos solos, as inundações extremas e a intrusão da salinidade nas planícies aluviais do Baixo Rufiji aumentaram a pobreza entre os pequenos agricultores e reforçaram a sensibilidade das zonas húmidas naturais para a agricultura itinerante e as pastagens para o gado. Para ultrapassar os problemas, foram desenvolvidas várias acções plausíveis de adaptação e mitigação na bacia, incluindo a utilização de ferramentas de modelação hidrológica, ferramentas de gestão participativa da água (IWRM, CRisTAL) e a modernização do sistema de irrigação de baixo custo: irrigação gota a gota e barragem de terra de pequena escala multiusos. Este estudo foi concebido para proporcionar uma compreensão a longo prazo do impacto da variabilidade e da utilização dos solos nas condições sazonais do balanço hídrico para o desenvolvimento da agricultura, da energia hidroelétrica e da estabilidade dos ecossistemas.

A abordagem do estudo envolveu a aplicação de ferramentas de modelação hidrológica: O modelo CoupModel e o modelo SWAT para avaliar o desempenho do modelo e a sensibilidade dos parâmetros para prever a variabilidade do balanço hídrico. A descarga mensal do rio foi utilizada para calibrar e validar o escoamento superficial no desfiladeiro de Stiegler. O método de sensibilidade dos parâmetros para o da água no solo, a evapotranspiração do solo, o escoamento das águas superficiais e o armazenamento das águas subterrâneas foi utilizado para avaliar o comportamento do modelo, a capacidade de a descarga observada e a distribuição dos parâmetros. Os resultados simulados para as componentes do balanço hídrico no desfiladeiro de Stiegler mostraram que 55% da precipitação acumulada é perdida através da evapotranspiração e 42% é escoada pelo rio para a agricultura a jusante e para os serviços do ecossistema. A avaliação do desempenho dos modelos de simulação e da posterior do valor comportamental dos parâmetros indica que o método de calibração (GLUE) no CoupModel foi mais poderoso do que a calibração Bayesiana (BC). Por exemplo, o método GLUE calibrou escoamentos superficiais 2488 mm mais elevados do que a calibração Bayesiana. A variância mínima na distribuição posterior dos parâmetros da calibração foi observada no para regular a absorção de água (CritThresholDry) e a disponibilidade de do solo para a evaporação do solo (PsiRs_ip). A simulação SWAT mostrou que o sul das planícies aluviais centrais tem um elevado risco de seca do solo.

A área de construção da grande barragem de Stiegler apresentou um balanço hídrico negativo devido a taxas de evapotranspiração potencial (PET) mais elevadas do que as outras estações na LRB. A evapotranspiração mais elevada na de Stiegler está ligada ao aumento da intensidade da radiação solar, que é influenciada pela elevação altitudinal, pelas condições climáticas a montante e pela existência de uma baixa resistência aerodinâmica superficial. A baixa aerodinâmica superficial deste sítio está associada ao esgotamento do coberto vegetal. A avaliação global dos resultados implica que seca e as cheias na LRB são altamente afectadas pelo uso do solo a montante. A mudança na fase de simulação entre a descarga fluvial observada e as saídas simuladas no modelo SWAT foi causada pela elevada variância dos dados de descarga fluvial e pela diferença média entre os dados simulados e observados. Os melhores acordos de simulação do modelo foram alcançados através de combinações de valores de parâmetros do modelo.

As principais contribuições deste estudo na utilização das ferramentas de modelação hidrológica geraram resultados para a variabilidade sazonal das condições do balanço hídrico e identificaram as zonas mais secas na LRB. Os resultados podem ajudar as partes interessadas a tomar decisões fiáveis, a planear de forma eficiente e a gerir eficazmente os recursos hídricos disponíveis para a produtividade agrícola e a produção de energia hidroelétrica. Os trabalhos futuros podem centrar-se na melhoria das condições hidrogeológicas de fronteira para a incerteza da calibração do CoupModel e do SWAT, na identificação das zonas de recarga das águas subterrâneas, nas reservas de águas subterrâneas e na influência dos caudais de base no escoamento total das águas superficiais.

AGRADECIMENTOS

Per-Erik Jansson, chefe do grupo de investigação de Física Ambiental, por me ter acolhido para realizar a minha tese de mestrado no grupo de investigação de Física Ambiental no Departamento de Engenharia de Recursos Terrestres e Hídricos (LWR), Instituto Real de Tecnologia (KTH), Estocolmo, Suécia. Todos os vossos materiais de apoio, desafios e orientação consistente em cada passo trabalho são muito apreciados. Kjell Havnevik, do Nordic Africa Institute (NAI), pelas suas fantásticas orientações e comentários frutuosos, especialmente sobre as de desenvolvimento do cronograma do grande projeto da barragem de Stiegler's Gorge, na Tanzânia. Para além disso, gostaria de estender os meus profundos cumprimentos a John Junston, Zahra Kalantari e Alireza Nickman, estudantes de doutoramento na divisão de física ambiental, LWR, pelo seu apoio muito importante nos materiais e nas abordagens de modelização. Os meus agradecimentos extensivos a Setegn Shimelius (PhD) por ter permitido o acesso à nova versão do software SWAT (10.1). Gostaria também de agradecer aos muitos revisores que forneceram comentários úteis na primeira versão do manuscrito.

Todo o relatório, desde a formulação de objectivos, aquisição de dados, avaliação dos impactos do uso do solo e da variabilidade climática no escoamento da água do rio para a agricultura e energia hidroelétrica, qualidade dos dados e análise de séries temporais, simulação prévia no modelo SWAT do CoupModel, discussão e observações finais, foi concebido pelo autor-Rajabu Hamisi. Numa visão holística, este trabalho de projeto aumentou a minha capacidade de utilização, abordagem de modelos hidrológicos e compreensão de várias técnicas de pesquisa de dados, processamento de dados, conceção de modelos conceptuais, parametrização e sensibilização dos parâmetros do modelo e avaliação cuidadosa do desempenho do modelo com base na distribuição posterior do valor dos parâmetros e na equifinalidade do comportamento do modelo. Acima de tudo, os pontos de vista e os erros aqui expressos são da responsabilidade do autor e não reflectem os pontos de vista de qualquer instituição referida e não garantem a adequação dos dados neste trabalho.

ABREVIATURAS E SÍMBOLOS

BC	-	Bayesian Calibration
CGIAR	-	Consultative Group on International Agricultural Research
FAO	-	Food and Agriculture Organization
FDI	-	Foreign Direct Investment
GHG	-	Greenhouse Gas
HRU	-	Hydrological Response Unit
IPCC	-	Intergovernmental Panel on the Climate Change
IUCN	-	International Union for Conservation of Nature
JETRO	-	Japanese Overseas Technical Cooperation
LRB	-	Lower Rufiji Basin
LWR	-	Department of Land and Water Resource Engineering, KTH
NAI	-	The Nordic Africa Institute
NORAD	-	Norwegian Agency for International Development
PET - H	-	Potential Evapotranspiration Estimated with Hargreaves
PET - M	-	Potential Evapotranspiration Estimated with Penman - Monteith
PET - P	-	Potential Evapotranspiration Estimated with Priestley Taylor
PPP	-	Public-Private Partnership
REMP	-	Rufiji Environmental Monitoring Plan
RUBADA	-	Rufiji Basin Development Authority
SFS	-	Small holder Farming System
STIGO	-	Stiegler's Gorge Dam
SWAT	-	Soil Water Assessment Tool
TANESCO	-	Tanzania Electricity Supply Company
UNEP	-	United Nations Environment Programme
USAID	-	United States Agency for International Development
USDA	-	United States Department of Agriculture

RESUMO

Este estudo proporciona uma compreensão a longo prazo do impacto da variabilidade climática e da utilização dos solos nas condições sazonais do balanço hídrico para o desenvolvimento de uma agricultura sustentável, a produção de energia hidroelétrica e a estabilidade dos ecossistemas na bacia do Baixo Rufiji. A gravidade da seca dos solos, as inundações extremas e a intrusão da salinidade nas planícies aluviais do Baixo Rufiji estão atualmente a aumentar a pobreza dos pequenos agricultores e a aumentar a sensibilidade das zonas húmidas naturais para a agricultura itinerante e as pastagens para o gado. O CoupModel e o modelo hidrológico SWAT foram aplicados para avaliar e comparar o impacto da variabilidade climática no balanço hídrico. O caudal mensal do rio foi utilizado para calibrar e validar o escoamento superficial no desfiladeiro de Stiegler. Os resultados simulados para as componentes do balanço hídrico no desfiladeiro de Stiegler mostraram que 55% da precipitação acumulada se perde através da evapotranspiração e 42% são escoamentos fluviais para a agricultura e serviços ecossistémicos a jusante. A avaliação do desempenho da simulação dos modelos e da distribuição posterior do valor comportamental dos parâmetros indica que o método de calibração (GLUE) no CoupModel concordou satisfatoriamente com a calibração Bayesiana (BC). A variação mínima na distribuição posterior dos parâmetros da calibração Bayesiana foi observada no parâmetro para regular a absorção de água (CritThresholDry) e a disponibilidade de humidade do solo para a evaporação do solo (PsiRs_ip). A simulação SWAT mostrou que o sul das planícies aluviais centrais apresenta um risco elevado de seca do solo. A avaliação global implica que a dinâmica da seca e do escoamento fluvial na LRB é afetada pelas actividades de utilização dos solos a montante. As estratégias para aumentar a resiliência dos pequenos agricultores às alterações climáticas e ao impacto do uso da terra requerem acções colectivas e coordenadas de gestão dos recursos hídricos, impulsionadas pela adaptação individual, institucional, financeira e tecnológica.

Palavras-chave: Adaptação; Agricultura; Alterações Climáticas; CoupModel; Energia Hidroelétrica; SWAT; Balanço Hídrico.

1 INTRODUÇÃO

1.1 Antecedentes e justificação

A água é um recurso importante para desbloquear oportunidades socioeconómicas e aliviar a pobreza. A vida sem água é muito disputada e incerta. A água diversifica as oportunidades de desenvolvimento agrícola, de produção de energia hidroelétrica e de abastecimento de água para consumo urbano, industrial e doméstico. No entanto, a disponibilidade de recursos hídricos para sustentar os sistemas agrícolas de pequenos agricultores e a produção de energia hidroelétrica é atualmente extremamente escassa devido aos impactos das alterações climáticas e às utilizações humanas inviáveis dos solos. A Convenção das Nações Unidas de Combate à Desertificação sobre a degrada- ção dos solos e a desertificação prevê que, até 2030, o stress hídrico nas regiões subtropicais desloque cerca de 0,7 mil milhões de pessoas e ponha em perigo os sistemas de produção alimentar de 2,6 mil milhões de pequenos agricultores (UNCCD, 2013). A gravidade das consequências das alterações climáticas deriva do excedente de radiação solar, que é prejudicado pela emissão de gases com efeito de estufa provenientes de operações agrícolas em grande escala, da combustão de combustíveis fósseis e da desflorestação indiscriminada para a produção de carvão vegetal e da agricultura itinerante. As grandes práticas agrícolas contribuem com mais de 29%t do total de emissões de GEE na atmosfera (CGIAR, 2012). Até à data, a combinação destes impactos a alterar o ciclo hidrológico da água, o equilíbrio energético à superfície e o nível de dependência dos ecossistemas em muitas bacias hidrográficas da África Subsariana. A África Subsariana (ASS) é a região mais vulnerável do globodevastada pelos efeitos dos mecanismos de retroação climática que já aumentaram a temperatura, a evapotranspiração e reduziram as quedas de precipitação.

Na Tanzânia, os principais problemas decorrentes da variabilidade climática e da utilização dos solos são o atraso da precipitação, as inundações imprevisíveis, a intrusão de salinidade e a sedimentação dos rios. Prevê-se que o efeito da seca na Tanzânia, cujo consumo de água per capita é de 2083 m^3/ano, ou seja, 38,6 litros por dia, atinja a escassez absoluta de água em 2020. A seca na Tanzânia é favorecida pela escassez de precipitação, que está associada a uma elevada evapotranspiração dos solos e, consequentemente, ao aquecimento global. O balanço hídrico para o desenvolvimento da agricultura e a produção de energia hidroelétrica na Tanzânia é geralmente derivado da precipitação estimada em 1071 mm/ano. A escolha da bacia do Baixo Rufiji (LRB) como estudo de caso baseou-se na sua sensibilidade e importância para os benefícios humanos, sociais, económicos e ecológicos. A bacia do Rufiji apoia a subsistência de mais de 250000 habitantes, 95% dos quais são pequenos agricultores pobres cuja segurança alimentar e estado nutricional depende das cheias. Muitos dos pequenos agricultores são confrontados com o desafio da calendarização das explorações agrícolas devido ao acesso limitado à informação climática, especialmente sobre quando e qual a magnitude das inundações e secas que irão ocorrer. Do mesmo modo, os instrumentos agrícolas, as práticas e as técnicas de gestão da água deficientes nas terras agrícolas são outros problemas na bacia. Embora a bacia disponha de terras aráveis de grande dimensão (482,5 ha) e 92 reservas florestais naturais, a sua população continua a viver num nível de pobreza elevado. Pouca população tem acesso a água potável para consumo doméstico, 45 % da população obtém água potável de 167 poços (NBS e Coast Regional Commissioner's Office, 2007). Durante as estações secas, a maior parte das fontes de água subterrânea no delta são afectadas pela intrusão salina que, por sua vez, forçou as comunidades a invadir as florestas de mangais para o cultivo de agricultura itinerante.

A importância da utilização de modelos hidrológicos biofísicos - CoupModel e Soil and Water Assessment Tool (SWAT) - é crucial para avaliar as alterações climáticas e a escalabilidade e sensibilidade do uso do solo nas condições de equilíbrio hídrico para o desenvolvimento da agricultura e a produção de energia hidroelétrica. O poder estrutural e o grau físico-matemático do SWAT e do CoupModel na simulação das condições hidrológicas das bacias hidrográficas próximas da realidade foram as principais razões para a escolha destes modelos. Para além disso, ambos os modelos têm capacidade para calibrar e validar diferentes cenários de utilização do solo e componentes do balanço hídrico. O modelo SWAT consiste na gestão do uso do solo, nutrientes e sedimentos, erosão do solo e componente da qualidade da água. O modelo CoupModel, que foi desenvolvido a partir do modelo SOILN, ganhou notável interesse internacional na abordagem das questões da gestão das bacias hidrográficas e dos serviços ecossistémicos. O modelo prevê um manual de utilizador bem documentado e um manual teórico completo. Os estudos actuais não aplicaram nem o SWAT nem o CoupModel para compreender as ameaças da variabilidade climática (inundações, radiação solar líquida incidente e evapotranspiração do solo).

As consequências das alterações climáticas têm recentemente pressionado os investidores locais e estrangeiros e os doadores internacionais no sentido de enfrentarem os impactos das alterações climáticas e da degradação dos solos. A África Subsariana é a região visada devido à sua vulnerabilidade às alterações climáticas e à degradação dos solos. O objetivo é reforçar a economia verde através da intensificação da irrigação dos pequenos agricultores, da produção de alimentos nutritivos e da produção de biocombustíveis para diminuir a insegurança alimentar e a dependência do petróleo. Até à data, o sector agrícola na Tanzânia emprega mais de 73% da população total (44,9 milhões). Os conflitos em matéria de água e de utilização dos solos são também elevados entre os poderosos investidores e os pequenos agricultores ou as sociedades de pastores. A inclusão factores tem continuado a sustentar a pobreza nas sociedades rurais, que atinge atualmente 37,4%. Do mesmo modo, os conflitos entre os investidores poderosos e os pequenos agricultores e os impactos das alterações climáticas e da degradação dos solos conduziram a uma baixa contribuição dos sectores agrícolas para o crescimento do PIB nacional, que foi de 27,1% em 2011. Neste estudo, a análise das condições do balanço hídrico abrange a quantificação dos escoamentos de águas superficiais, a disponibilidade de humidade no solo, as reservas de água subterrânea, os fluxos de calor no solo e a evapotranspiração. São discutidos os papéis das diferentes partes interessadas, as políticas e as estratégias para a criação de instituições, a fim de avaliar os impactos e os compromissos da sociedade para uma adaptação sustentável.

1.2 Fontes de incertezas de previsão

As principais fontes de incertezas na previsão da modelação hidrológica podem ter origem na má qualidade das variáveis de entrada, no fraco conhecimento do modelador sobre os processos físicos em curso na zona de estudo, na aproximação matemática e na definição de parâmetros. Os processos físicos podem ser a construção de infra-estruturas (ou seja, estradas, esquemas de irrigação e barragens hidroeléctricas, desvio de rios), elevadas captações de água para grandes esquemas de irrigação. Outra incerteza pode resultar da simplificação do modelo concetual ou da seleção incorrecta dos parâmetros e da definição das condições-limite. Por vezes, os eventos causados pela variabilidade meteorológica, como deslizamentos de terras excessivos, erosão eólica, sedimentação e aquecimento do solo, podem contribuir para alterar o desempenho da execução do modelo interno (Yang et al, 2010; Setegn et al, 2009). De acordo com Abbaspour, *2012;* Seibert, 1997; Beven, 2006, a credibilidade do modelo no apoio à decisão de planos ou projectos de gestão da água e do uso do solo depende das incertezas da simulação. Além disso, as incertezas da previsão hidrológica são antecipadas pelas escalas do estudo, seleção de parâmetros e abordagens de calibração (Vrugt et al, 2008). A estrutura esquemática do presente estudo abrange cinco secções. A secção (1) avalia os impactos da variabilidade climática nos sistemas agrícolas dos pequenos agricultores. A secção (1) apresenta as perspectivas históricas e a motivação da construção da grande barragem de Stiegler's Gorge e o seu impacto nas sociedades a jusante e nos serviços do ecossistema. A secção (2) descreve as caraterísticas hidrológicas da LRB, os procedimentos para estimar um conjunto contínuo de dados de entrada e a sensibilidade dos parâmetros. Os resultados e discussões são apresentados nas secções 3 e 4, e as observações finais para a implementação de políticas e processos de decisão locais são resumidas na secção 5.

1.3 Objectivos do estudo

O estudo teve como objetivo fornecer uma descrição do impacto a longo prazo da variabilidade climática e do uso do solo nas tendências sazonais das condições do balanço hídrico relacionadas com a produtividade agrícola e a

produção de energia hidroelétrica na Bacia do Baixo Rufiji. Este estudo foi concebido em três aspectos. a) Avaliar o desempenho de previsão do modelo CoupModel e SWAT
para a variabilidade do balanço hídrico.

b) Avaliar a sensibilidade dos parâmetros e o comportamento da distribuição para prever os cenários de alterações climáticas e de utilização dos solos.

c) Propor os principais factores determinantes para políticas sustentáveis de adaptação e atenuação das alterações climáticas e da utilização dos solos.

1.4 Impactos das alterações climáticas no SFS

A bacia hidrográfica do rio Rufiji é a região mais vulnerável da Tanzânia devido à crescente pressão humana e à variabilidade do clima. A pressão humana aumentou as taxas de desflorestação e de sobrepastoreio, ao passo que a variabilidade climática perturbou o escoamento e a sedimentação da água dos rios, o que, por sua vez, diminuiu a eficiência da produção de energia hidroelétrica nas centrais a montante. Mais concretamente, a variabilidade climática aumentou as inundações, as secas, a salinidade dos solos e os atrasos das precipitações. As estações, a frequência e a magnitude das chuvas são ainda incertas LRB e, quando ocorrem, são de grande magnitude e de curta duração . Estas consequências destroem as colheitas e as comunidades são desalojadas. Por outro lado, a temperatura também aumentou, o que resultou em evapotranspiração, seca do solo e intrusão de salinidade. Devido às alterações climáticas, a pesca e o estado de nutrição das comunidades afectaram a captura e a desova dos peixes. A utilização inviável dos solos, como a desflorestação e o sobrepastoreio, contribuiu para uma grave degradação dos solos (Fig. 1). As agregações destes impactos resultaram em mudanças nas condições do balanço hídrico e na dificuldade de vida e incerteza agrícola entre os pequenos agricultores. No entanto, a magnitude e a duração dos impactos são muito dinâmicas com a estação do ano e são elevadas à medida que se aproxima da costa. Por , a intrusão salina na planície de inundação oriental da LRB obrigou a comunidade a adotar culturas itinerantes, o que, por outro lado, está a afetar a conetividade dos mangais. Na totalidade, o sistema agrícola dos pequenos agricultores na LRB é praticado nas planícies aluviais, após as inundações nos mangais e no delta, e em socalcos nos sistemas agrícolas montanhosos. Entre eles, o sistema agrícola das planícies aluviais é um sistema fundamental para prever o estado de segurança alimentar dos pequenos agricultores e alavancar os rendimentos das famílias.

1.4.1 Modos de Produção nas Várzeas

Os sistemas de agricultura de planície de inundação são um sistema de cultivo tradicional na bacia, geralmente praticado por pequenos agricultores. As planícies de inundação da LRB estão divididas em três: o delta interior, as planícies de inundação centrais, normalmente utilizadas pelos pequenos agricultores, e o vale ocidental, demarcado perto da reserva de caça de Selous. A planície de inundação é assim designada porque a agricultura está fortemente dependente da frequência, magnitude e momento das inundações.

As inundações na planície de inundação da LRB são causadas por chuvas fortes e escoamentos superficiais. As alturas máximas de inundação com menos riscos de destruição de culturas, propriedades e bem-estar dos agricultores são registadas quando o nível da água do rio é superior a 3,1 m durante as estações de chuvas fortes, quando o nível da água do rio está acima da margem da água. No entanto, os desafios mais retóricos no sistema agrícola das planícies aluviais são a ocorrência de inundações precoces e intensas, que são responsáveis por danificar as culturas plantadas precocemente e atrasar o cultivo de *Mlau*, profundamente reavivado pela recessão das inundações durante a estação seca. Ao contrário das inundações, o declínio e o atraso da precipitação afectam a agricultura dos pequenos agricultores, ao atrasar o crescimento das culturas, as épocas de plantação e aumentar a intensidade da mão de obra, provocando assim a escassez de alimentos. A agricultura nas planícies aluviais da LRB é muito complexa e difícil para a segurança alimentar dos pequenos agricultores. A sensibilidade da insegurança alimentar na LRB está associada a riscos e incertezas que são em grande parte originados pela duração e frequência transitórias das cheias. Em suma, esta mudança de padrão de inundação alterou o calendário de produção agrícola dos pequenos agricultores e o período de serração e colheita. Por exemplo, durante a minha visita à LRB, em junho de 2012, apercebi-me de que o período de plantação na primeira época de agricultura de várzea tinha mudado um mês devido ao atraso da época de chuvas intensas *(Mvuli)*. A segunda época de agricultura de várzea é *Mlau*, realizada nos bancos de areia durante as estações secas, quando as cheias começam a recuar.

1.4.1.1 Seca na agricultura de várzea

Em LRB, o aumento da temperatura do ar acelerou o atraso das chuvas. Isso, por sua vez, afectou o crescimento das culturas e o calendário agrícola; o período de serração e colheita. O aumento da temperatura durante o período seco de *Mlau* e *Jacha* está a pôr substancialmente em perigo a produtividade das culturas e do gado dos pequenos agricultores. Por exemplo, a época de plantação do arroz é regida pela ocorrência de inundações provocadas pela curta estação das chuvas, que se um mês em relação à época anterior de início de janeiro para fevereiro. Embora a população tenha duplicado, é indubitável que o atraso da precipitação e a existência de uma seca hidrológica reduziram a capacidade produtiva dos agricultores, que passaram de 35954 hectares de arroz cultivados em 1978 para 26139 hectares em 2005, o levou à escassez de alimentos (Havnevik, 1993). Na maioria dos cenários de alterações climáticas, a seca é dividida em quatro partes, dependendo da dimensão dos impactos agrícolas, hidrológicos, meteorológicos e socioeconómicos. A seca agrícola é um evento de défice de humidade no solo que ocorre naturalmente durante a estação de precipitação escassa, enquanto a seca hidrológica existe quando há deficiências de escoamento de água superficial e sub-superficial nos rios, reservatórios e aquíferos subterrâneos.

Além disso, existe a seca meteorológica, que é descrita como uma diminuição da precipitação em relação aos registos normais durante um longo período. A seca socioeconómica ocorre normalmente na área com escassez física água que afecta os meios de subsistência diários das pessoas e o sistema de produção.

Figura 1. A desflorestação do mangal tem impacto na infiltração e no escoamento superficial.

Quadro 1. Situação da produção de energia hidroelétrica na Tanzânia.

Station (MW)	Installed Capacity (MW)	Active Storage Volume (Mm³)	Designed Head (m)	Design flood (m³/s)	Operations Since (Year)	Hydropower Produced (MW)			
						2008	2009	2010	2011
Kihansi	180	1	185	470	1999	102.0	96.5	99.0	88.2
Mtera	80	3200	45	96	1988	39.3	51.5	49.5	26.2
Kidatu	204	125	175	140	1978	121.2	125.3	126.8	86.7
Hale	21	1.1	70	255	1964	6.9	4.9	5.6	0.3
New Pangani	68	0.8	170	1200	1995	29.9	19.0	23.7	22.5
Nyumba ya Mungu	8	875	27	920	1969	2.9	3.8	3.4	3.4
Stiegler's	2100 (est.)	34000	178	2500	2015 (est)	Design	-	-	-
Total	561	38200	-	-	-	302.4	301.4	308.4	227.5

Nota: A potência hidroelétrica (MW) é calculada com uma eficiência de produção de 100%.

tem. No caso da LRB, os quatro tipos de seca estão interligados pela sedimentação dos rios, limitando as oportunidades de diversificação socioeconómica e de bem-estar, o que, por sua vez, contribui para o abate ilegal de árvores na zona das terras altas *(Gongo)*, o que faz aumentar as taxas de evapotranspiração e a secura dos lagos e reservatórios de irrigação. A gravidade do atraso das chuvas ou das secas é crítica à medida que se passa das planícies aluviais para o vale ocidental até à aldeia de Mloka, onde os agricultores não dependem mais do sistema agrícola *Mlau*.

1.4.1.2 Inundações extremamente precoces e intensas

A ocorrência de inundações extremamente precoces e intensas costumava perturbar as povoações locais e aumentar a escassez de alimentos. Estes fenómenos afastam os pequenos agricultores do seu sistema de cultivo nas planícies aluviais, da conetividade da biodiversidade e dos valores culturais (Lugenja et al, 2005). As inundações extremas contribuem para expor as sociedades a injustiças de género e a riscos de segurança por parte de predadores como os crocodilos e os leões. As grandes inundações impedem os agricultores de chegarem aos seus campos distantes, principalmente aos que se situam do outro lado do rio. De acordo com Lugenja et al. (2005), as mulheres e as crianças são as populações mais afectadas. As grandes inundações provocam sempre uma série de injustiças de género para as mulheres. Isto deve-se a aspectos culturais, segundo os quais as mulheres na LRB são principalmente responsáveis pela agricultura, pela recolha de lenha e pela recolha de água do rio. De qualquer modo, os riscos de destruição de culturas e propriedades permanentes também são críticos nas épocas de grandes cheias. A incidência de doenças transmitidas pela água, como a cólera e a malária, também é comum durante época das grandes cheias. Os pequenos agricultores da LRB consideram as inundações médias como eventos vantajosos para todos. Uma vez que equilibram as suas condições de vida e bem-estar e oferecem mais oportunidades de agricultura e pesca. As inundações na LRB restauram a fertilidade do solo, transportando um solo aluvionar de montante, encharcando o conteúdo de humidade do solo para o cultivo durante as estações secas, compensando a água durante a escassez de chuva e desenvolvendo condições propícias para a pesca e apoiando o crescimento dos mangais no Delta.

1.4.1.3 Atraso nas inundações e procura de mão de obra

O atraso das inundações na LRB leva também ao impedimento da época de plantação e colheita, o que, por sua vez, aumenta a procura de mão de obra, principalmente em junho e julho, quando as actividades de colheita do arroz colidem com a época de plantação do milho e do algodão na agricultura de *Mlau*. Atualmente, é bastante comum que a plantação de milho comece no início de fevereiro, em vez de dezembro.

Esta mudança teve um impacto direto no período de colheita em junho, quando a natureza do sistema agrícola exige que os agricultores comecem a plantar algodão e milho em *Mbaragilwa e Kitope* quando as cheias começam a recuar.

1.4.1.4 Inundações fortes e instituições locais

Na LRB, é bem verdade que as cheias e as secas são o principal acontecimento que destrói a estrutura e a eficácia das instituições. Isto significa que as inundações e as secas afectam a capacidade das instituições locais de coordenar e monitorizar a utilização equitativa dos recursos naturais ou os esforços de implementação de estratégias sustentáveis de gestão da água e da utilização dos solos. A existência de instituições fracas levou a uma coordenação ineficaz e a estratégias de controlo para melhorar a utilização equitativa dos recursos hídricos e a gestão dos solos. Como resultado, há cada vez mais competições e conflitos sangrentos entre agricultores e pastores. A disputa entre estes dois grupos centra-se no acesso à água, quer para a agricultura, quer para o cultivo agrícola.

1.4.2 Sistema agrícola pós-inundação

A agricultura deltaica é praticada no interior do delta, sobretudo no Sul e no Norte da bacia inferior do Rufiji, na zona dos mangais e do delta. A agricultura é menos dependente das cheias. É altamente influenciada pelo recuo das cheias ou pela curta estação de chuvas *(Vuli)*. Havnevik (1993) e Sandberg (2004) identificaram a agricultura pós-inundação como uma extensão da agricultura de planície de inundação que maioritariamente de intrusão de salinidade devido à subida da água do mar e à elevada evapotranspiração. A salinização óptima do solo no Delta ocorre quando o escoamento do rio diminui, o que aumenta a difusão da concentração do solvente salino do mar para a água doce do rio. As consequências crescentes da salinização dos solos no delta obrigam os pequenos agricultores a invadir as zonas húmidas e os mangais protegidos para adoptarem um sistema de agricultura por turnos. As principais culturas no sistema do delta são sazonais, como as hortícolas, cultivadas principalmente na zona elevada, conhecida localmente como *Bonde la Juu*. O atraso da precipitação provocou a mudança do período de plantação para dezembro, dois meses antes das grandes inundações (Fig. 2).

1.4.3 Sistema de cultivo em socalcos

O sistema de cultivo em socalcos na LRB ocorre no planalto elevado e nas colinas, principalmente no norte da bacia. A agricultura é praticada com culturas de alta resistência, como a mandioca, o painço, o sorgo e a castanha de caju. Os principais desafios deste sistema agrícola são a erosão e a infertilidade dos solos, o que obriga as pessoas a migrarem para as planícies aluviais dos rios para procurarem terras produtivas e água e pastagens para o gado. Isto implica que a procura de água e de terra na LRB varia consoante os sistemas agrícolas.

1.5 Impactos da utilização humana do solo

A desflorestação indiscriminada, a urbanização e o sobrepastoreio são três das principais actividades humanas de utilização do solo, que estão a acelerar as taxas de degradação do solo e de evapotranspiração do solo (Fig. 3). A desflorestação aumenta o tamanho da terra nua e expõe a superfície do solo diretamente à precipitação e à radiação solar. A desflorestação promove o superficial e a erosão do solo, afectando assim os potenciais de recarga dos aquíferos em termos de fertilidade do solo. No entanto, os potenciais de recarga dos aquíferos também variam com as condutividades hidráulicas do solo. O crescimento da população e a urbanização são a fonte provável destes resultados, o que tem dificultado a acessibilidade da terra e dos recursos hídricos. A migração das sociedades de pastores (*Maasai* e *Sukuma*) na LRB duplicou a taxa de conflitos relacionados com a terra e a água. Do mesmo modo, os deficientes sistemas de drenagem dos sistemas de irrigação aceleraram indiretamente a salinidade dos solos. A potencialidade da bacia para o desenvolvimento de grandes projectos de irrigação de biocombustíveis e de culturas alimentares

Figura 2. Sistema agrícola pós-inundação no delta e na floresta de mangue.

através de investimentos diretos estrangeiros (IDE) está a pôr em perigo a saúde morfológica dos fluxos do rio Rufiji. Na maioria dos cenários, o solo nu tem um baixo potencial de recarga das águas subterrâneas devido ao elevado excesso de escoamento das águas superficiais, que também acelera as inundações e a erosão do solo. Hamerlynck et al. (2011) descreveram os efeitos das alterações climáticas que reduziram a quantidade de espécies de peixes como Kambale *(Clarias gariepinus),* Mbufu *(Bagrus spp.)* e deixaram as sociedades susceptíveis à subnutrição. Por conseguinte, a combinação destes impactos triplicou o dilema e a complexidade da teia para os residentes de Rufiji, especialmente no que respeita a "*quando cultivar as culturas de forma sensata*" e "*o que planear para aumentar a produtividade da terra e da água*".

Seca e degradação das terras

A seca é um evento de défice de humidade no solo, que ocorre naturalmente na estação de precipitação escassa. Afecta a sustentabilidade hidrológica e do ecossistema e ameaça negativamente as condições de cultivo das culturas. A intensidade da incidência das radiações solares globais, ampliada pela concentração das emissões de gases com efeito de estufa, é a principal fonte de energia da evapotranspiração. A evapotranspiração, que se traduz na magnitude da evapotranspiração do solo, transforma as moléculas de água da superfície do solo e da copa das plantas em vapor de água. As moléculas de água vaporizadas são estimadas em 63 milhões de watts/m^2, dos quais 46% se difundem no solo e 31% são reflectidos na atmosfera (Rohli e Vega, 2008).

1.5.1 A barragem de Stiegler e as sociedades humanas

Na Tanzânia, a energia hidroelétrica é a principal fonte de energia. Só em 2011, a energia hidroelétrica contribuiu com 227,5 MW (38,3 %) do total da eletricidade produzida (588,2 MW) (Tanesco, 2011). A enorme produção de energia hidroelétrica (88 %) é aproveitada do rio Rufiji, principalmente nas centrais hidroeléctricas de Mtera, Kidatu e Kihansi. Entre elas, a estação de Kidatu está a tornar-se o principal produtor de energia hidroelétrica do país, com uma capacidade de produção de 60% do total da energia hidroelétrica produzida (Tabela 1). Kashaigili et al, (2005) mencionaram que as barragens hidroeléctricas ao longo da bacia do rio Rufiji são o consumidor de água em comparação com outros sectores. Em 2009, a economia da Tanzânia foi afetada pela baixa produção de energia hidroelétrica resultante de uma seca severa. Esta consequência aumentou a pressão política no sentido de encontrar soluções para diversificar as fontes de energia através do gás natural, das minas de carvão e do gasóleo. Além disso, o país incentivou um programa de gestão dos recursos hídricos na bacia hidrográfica entre as entidades utilizadoras da água a montante e a jusante e a partilha de energia numa região.

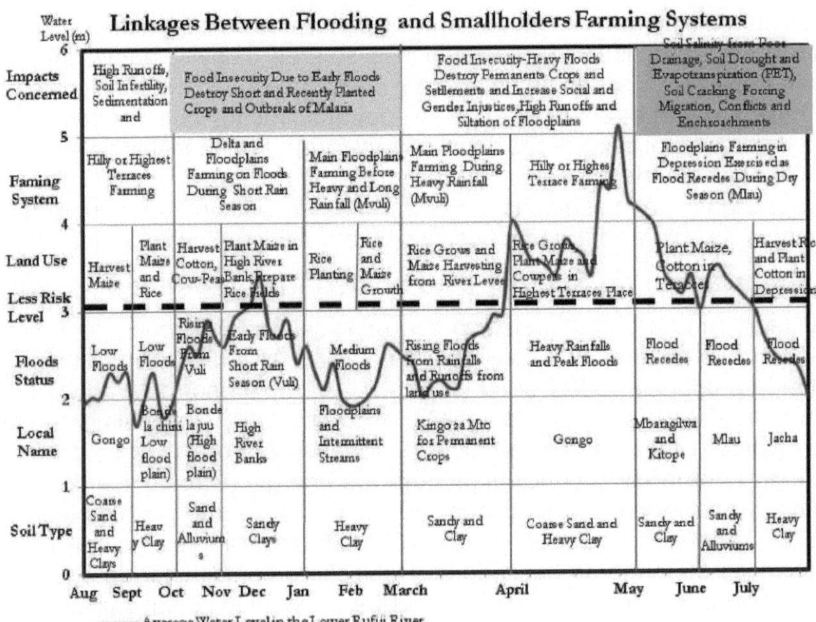

Figura 3. Ligações entre as inundações e o sistema agrícola dos pequenos agricultores na LRB.

Desde a independência do Tanganica em 1961, a bacia hidrográfica do rio Rufiji foi expedita para o aproveitamento de energia hidroelétrica, a navegação e o desenvolvimento de esquemas de irrigação em grande escala. Neste plano, os planeadores da FAO foram contratados pelo governo do Tanganica para efetuar uma primeira expedição. Os planeadores da FAO recomendam a construção da barragem de Stiegler's Gorge. Os seus argumentos de apoio baseavam-se no facto de que uma barragem poderia servir como fonte de recursos para projectos de irrigação no baixo Rufiji (Havnevik, 1993; Hoag e Ohman, 2008). As recomendações da FAO pareciam ser viáveis e realistas para a prioridade de desenvolvimento da Tanzânia, que na altura era aumentar a produção alimentar. Seis anos mais tarde (1967), a USAID efectuou outra expedição sobre o plano e o potencial de desenvolvimento da terra e da água. Posteriormente, em 1968, a agência de desenvolvimento internacional japonesa JETRO realizou um estudo de pré-viabilidade sobre o projeto hidroelétrico de Stiegler's Gorge.

A empresa norueguesa (Norconsult), com grande experiência e competência em tecnologia hidroelétrica, foi contratada pela NORAD em 1972 para preparar um estudo preliminar sobre os impactos da construção de uma barragem hidroelétrica e de uma central eléctrica no STIGO. A empresa foi também convidada a estimar o custo das unidades de produção de energia. Em 1976, a Hafslund ampliou o estudo da Nor Consult depois de se ter apercebido de que as perspectivas de planeamento da Nor Consult eram muito limitadas. A Hafslund entregou o relatório em 1980, que é atualmente utilizado pela RUBADA como diretrizes de planeamento para a nova grande barragem STIGO (Hafslund, 1980). Este facto suscitou a questão de saber *por que razão a RUBADA optou por utilizar este relatório quando a procura e o fluxo de água mudaram significativamente?* Com o passar dos anos e com a disponibilização de informação proveniente da investigação efectuada, a grande barragem STIGO tornou-se um problema sério. Isto porque, alegadamente, reduz os fluxos de água para o desenvolvimento socioeconómico a jusante (Heather e Ohman, 2008).

Os planos da barragem de STIGO são interpretados por vários investigadores e planeadores como irrealistas para equilibrar o desenvolvimento socioeconómico e a injustiça de género na LRB (Havnevik,1993; Heather, 2003; Hoag, 2003). Há muitas críticas sociais, financeiras e ecológicas que surgiram com construção da grande barragem de STIGO. Algumas das críticas baseiam-se na mera dimensão da barragem, localização, nos custos económicos da barragem, na sustentabilidade ecológica e na segurança da barragem. Sandbergs em *1973*. A Sandbergs confrontou o plano do projeto Nor consult que esqueceu muitos aspectos dos impactos a jusante da perda de florestas de mangais e locais de desova para espécies de peixes e camarões, intrusão salina e secagem de lagos sazonais.

Havnevik (1993), no seu livro "*O limite do desenvolvimento a partir de cima*", argumentou com veemência que "o projeto da barragem de STIGO é um desastre tanto para a

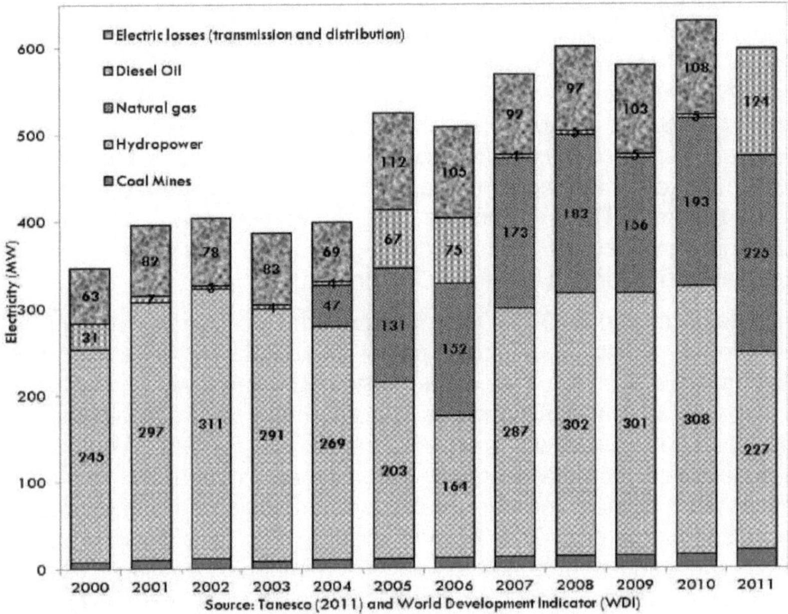

Figura 4. Diversificação das fontes de energia na Tanzânia (2000-2011).

sustentabilidade económica e sócio-ecológica a jusante. O atual mito da reedição da barragem do desfiladeiro de Stiegler é impulsionado politicamente sob a pressão de acabar com a duradoura escassez de energia nacional que devastou gravemente a economia tanzaniana em 2011 (6,1% do PIB), antes de voltar a subir para 7,1% do PIB em 2012. O novo plano da grande barragem de Stiegler é como *"vinho velho numa garrafa nova"*, porque o projeto de construção segue a mesma especificação de sinal. Agora, a barragem de STIGO foi encomendada para ser construída pela Odebretch, uma empresa privada brasileira internacional. A empresa construirá três turbinas de capacidade instalada (2100 MW), descarga de saída (2500 m^3/s), 178 m de profundidade de barragem e 34 mil milhões de m^3 de armazenamento ativo de acordo com o plano da Norconsult de 1980".

1.5.2 Biocombustíveis em grande escala e irrigação

A transformação dos recursos hídricos de Rufiji e das planícies aluviais de Rufiji em *"tanques de biocombustível"* está a acelerar a pobreza e a incerteza dos meios de subsistência na LRB. A agricultura em grande escala para a produção de biocombustíveis e culturas alimentares tem sido uma das principais fontes de disputas por água e terras, deslocação de sociedades, batalhas sangrentas entre pequenos agricultores, pastores e investidores poderosos. Em 2011, 1095 dos 1825 conflitos de terra registados em Tanzania estavam diretamente ligados à disputa pelos recursos hídricos e terras férteis entre pequenos proprietários e investidores poderosos. O modelo recente de investimentos em biocombustíveis na Tanzânia é agora canalizado através da Parceria Público-Privada (PPP) no âmbito do Investimento Direto Estrangeiro (IDE). O investimento conjunto entre investidores locais da Tanzânia e investidores internacionais era óbvio últimos dois anos. O interesse dos investidores internacionais em biocombustíveis em investir na Tanzânia foi relatado pelo TIC como tendo crescido exponencialmente. Este facto é estimulado pela procura desejada para ultrapassar a crise energética e alimentar nos seus países de origem. De acordo com o TIC, o registo geral mostrou que 53 empresas candidataram terras para biocombustíveis em 2011. O interesse crescente dos investidores em candidatar terras para a plantação de biocombustíveis na Tanzânia reflecte-se nas deficientes leis de governação da terra e da água e no baixo preço das terras agrícolas. Durante horas extraordinárias, a China, o Brasil, a Turquia, a Índia e a Coreia do Sul são, nomeadamente, os principais investidores em biocombustíveis na Tanzânia através de IDE.

Em LRB, a empresa SAP-Turkish Agriculture recebeu 5000 ha de terra fértil para cultivar milho e arroz perto da aldeia de Nyamwage. Infelizmente, a terra foi deixada por desenvolver e só recentemente foi vendida a outra empresa chamada *Majani ya Chai*. A Korean Rural Community Coopera- tion (KRC) adquiriu 15000 ha de terra em pedaços em 2011. A KRC opera em regime de joint venture com a RUBADA para a produção de arroz (Mwami e Kamata 2011). No entanto, o Ministério da Terra e da Habitação adoptou um novo regulamento sobre o tamanho máximo da terra para a plantação em grande escala. Assim, a terra máxima permitida para a plantação de cana-de-açúcar em grande escala é de 10000 ha e 5000 ha para a produção de arroz. Foram atribuídas mais terras para plantações de açúcar em grande escala porque a produção de açúcar está associada a alguns benefícios adicionais, como a produção de gás de bagaço para a produção de eletricidade, e o sector pode empregar muitas pessoas. No entanto, o EcoDe-velopment (anteriormente conhecido como SEKAB (T) solicitou 400000 ha terra em Nyaminywili e Nyamwage na LRB para a plantação de biocombustíveis.

A montante da bacia inferior de Rufiji, a situação do investimento em biocombustíveis é muito triste. Os pequenos agricultores locais foram deslocados das suas terras como galinhas indesejadas das suas próprias terras. Os pastores são a população mais desfavorecida. São evacuados sem que lhes seja atribuído um local para onde ir e sem indemnizações. Alguns dos investidores de grande escala encontrados a montante da LRB, principalmente no vale de Kilombero, são a Kilimo cha Yesu, empresa suíça a quem foram atribuídos 3000 ha para produção mecanizada de arroz na aldeia de Mpanga, no distrito de Mlimba. A empresa sul-africana (Il-lovo sugar cane company) está atualmente a operar 34500ha de esquemas de irrigação de cana-de-açúcar no vale de Kilombero. A sobrelotação destas empresas no vale de Kilombero traz desafios de concursos de água e problemas de qualidade da água devido à elevada libertação de pesticidas das plantações em grande escala.

1.6 Medidas de adaptação e de atenuação

Há uma série de acções plausíveis de adaptação e atenuação das alterações climáticas e da degradação dos solos, que já foram implementadas ou estão a funcionar na LRB. A maioria dos projectos é coordenada por sectores governamentais, agências internacionais de desenvolvimento, ONG locais e instituições da comunidade local. No entanto, a natureza e a magnitude das actividades de adaptação na LRB funcionam tendo em conta a definição do IPCC que, por si só, tem muitas ambiguidades. Até à data, a definição do IPCC incentiva a gestão sustentável dos recursos naturais, a utilização da tecnologia mais adequada e as práticas institucionais para as comunidades locais se adaptarem impactos das alterações climáticas. Atualmente, existem cerca de 96 comités de água de aldeia (VWC) e 67 associações de fundos de água de aldeia (VWF) LRB. O IPCC (2007) definiu as adaptações como,

"um ajuste no sistema natural ou humano em resposta a estímulos climáticos reais ou esperados ou ao seu efeito, que modera os danos ou explora oportunidades benéficas"

As acções plausíveis de adaptação às alterações climáticas para melhorar a segurança alimentar e energética dos pequenos agricultores na LRB, coroadas pela procura de utilização de eletricidade para modernizar a irrigação gota a gota de baixo custo, a construção de canais ligados à terra e reservatórios polivalentes de pequena escala, tanto para a aquicultura como para a recarga de águas subterrâneas. Até à data, existem dezenas de instituições internacionais que utilizam instrumentos de gestão dos recursos hídricos para o reforço das capacidades locais. O objetivo principal destes esforços é incentivar a eficiência e a utilização equitativa dos recursos hídricos e terrestres através do aumento da propriedade e do controlo do consumo de água. Estes processos permitiram a inovação, a instalação de estações meteorológicas, a partilha de conhecimentos através da formação, a aplicação de novos acordos e leis para a partilha da água e a proteção da poluição dos rios. Em certa medida, estas actividades reduziram os conflitos, as competições e a poluição da água e promoveram uma cooperação sustentável entre os utilizadores de água a montante e a jusante. Os exemplos muito promissores destas acções encontram-se nas aldeias de Mtanza e Mloka. Do mesmo modo, foi instalada uma nova estação meteorológica na aldeia de Nywamwage, a fim de colocar a informação climática ao alcance dos agricultores. Tradicionalmente, a comunidade de Rufiji pratica uma agricultura itinerante, especialmente durante a época de grandes inundações, praticando rotações de culturas e utilizando sementes de arroz de maturação precoce, por exemplo, *Saro5 e TXD306.* Os desafios remanescentes na LRB são a forma como a comunidade de Rufiji irá harmonizar a tecnologia de recolha de água da chuva para suplementar a procura de água para consumo doméstico e cultivo de vegetais (tomates).

A utilização de ferramentas de gestão integrada dos recursos hídricos (IWRM), tais como a gestão participativa, a análise das partes interessadas, a análise dos meios de subsistência e a CRisTAL (Community based Risk Screening Tool-Adaptation and Livelihoods) aumentaram os compromissos institucionais, a sensibilização e o acordo conjunto sobre a água na LRB (IUCN, 2009). Por exemplo, a ferramenta CRisTAL foi desenvolvida pela UICN e aplicada pela primeira vez em 2011 nas aldeias de Mtanza, Nyamwage e Mloka. A aplicação bem sucedida destas ferramentas tem sido reportada como um pilar para estimular a transparência, a geração de conhecimento, acordos e negociações que equilibram os interesses entre os utilizadores de água a montante e a jusante. Até à data, a utilização destas ferramentas tem contribuído para o reforço das instituições locais, especialmente na identificação das prioridades de adaptação às alterações climáticas. As preocupações actuais na LRB são diversificação das fontes de energia e o abastecimento de água rural para consumo doméstico e irrigação em pequena escala. Especialmente as aldeias localizadas perto do delta, onde a frequência da intrusão de sal nos poços rasos de água é comum durante as estações de seca. No total, o distrito de Rufiji tem 95 poços rasos em funcionamento, 17 sistemas de recolha de água da chuva e 127 furos cobertos (NBS, 2007).

Os riscos de salinidade do solo nas terras agrícolas de pequena escala são controlados localmente através da drenagem dos campos. Neste contexto, o Programa de Monitorização Ambiental de Rufiji (REMP) é reconhecido pelos seus esforços de estruturação da economia verde[1] (Ochieng, 2002). O programa permitiu a integração floresta-economia, promovendo o envolvimento das sociedades locais na negociação dos planos e na partilha dos benefícios económicos (incentivos) das florestas. Os apoios e incentivos financeiros para a maioria das acções de adaptação na LRB provêm de doadores internacionais, e pouco do governo central. Os recursos financeiros são dados para apoiar *"cli-mate smart e crédito de carbono"* principalmente na agricultura e na produção de carvão vegetal com baixo teor de carbono. Tendo em conta estas preocupações, a REDD+-Redução das Emissões Resultantes da Desflorestação e da Degradação demonstrou nos últimos três anos que o seu impacto aumentou o valor das florestas (Lugenja et al, 2005).

As acções de adaptação para travar a escassez de energia no país estão seladas no desejo político de integrar fontes de energia hidroelétrica, gases naturais, geotérmica, minas de carvão e energias renováveis (energia solar, aterros, oceano, vento e biocombustíveis misturados). Em 2011, a produção de eletricidade a partir do gás natural cresceu de 31,8% (131MW) em 2005 para 38% (225MW) em 2011 (Fig. 4). Uma vez que as perdas de energia durante o transporte e a distribuição constituem um desafio crítico, conforme apresentado na figura 4. Há esforços para modernizar as infra-estruturas de

---

1 O PNUA definiu a economia verde como uma economia que melhora o bem-estar humano ao mesmo tempo que reduz significativamente os riscos ambientais e a escassez ecológica com baixas emissões de gases com efeito de estufa e uma utilização inteligente e eficiente dos recursos.

transmissão e distribuição, e erradicar as ligações ilegais de energia (Tanesco, 2011). A proposta de fomentar a competitividade no sector da energia através da privatização da TANESCO em três entidades independentes: (i) transmissão de energia, (ii) distribuição, (iii) preços e comercialização de energia. Em geral, o cenário das acções de adaptação para a agricultura sustentável e a segurança energética no LRB mostrou que, de alguma forma, não se enquadra no espetro económico pró-pequenos agricultores, porque os pequenos agricultores não podem suportar os custos e a técnica das acções propostas.

1.7 Revisão da literatura

As revisões da literatura mostraram que nenhum dos estudos actuais relatou a utilização do SWAT e do CoupModel na bacia do Baixo Rufiji para compreender as ameaças e as dimensões das alterações climáticas e do uso do solo na variabilidade das componentes do balanço hídrico. No entanto, foram efectuados vários estudos de modelação hidrológica a montante da bacia do Baixo Rufiji, nas planícies aluviais de Kilombero e Usangu. Entre eles, Kashaigili et al. (2005), que previram a aplicação de um modelo hidrológico integrado para avaliar a procura de água resultante do aumento das captações de irrigação e das alterações da cobertura do solo na bacia de Usangu. Os resultados da modelação de Kashaigili revelaram que o consumo de água consumida nos esquemas de irrigação é mais elevado (775,6 Mm^3) entre (janeiro-maio), época de cultivo do arroz, do que no verão (junho-setembro). O que falta no estudo de Kashaigili é a forma como os escoamentos superficiais da água são afectados pela expansão das estruturas de irrigação, pelas práticas de gestão da água e pelo aumento da evapotranspiração. O outro estudo de modelação é o do WREP (2003) que utilizou o HEC-RAS[2] para investigar a dinâmica hidráulica do rio e os balanços hídricos do rio Rufiji para o alerta de cheias e para maximizar a produtividade da irrigação. O desempenho do modelo hidrológico do WREP mostrou que o HEC-RAS era uma ferramenta razoavelmente aceitável para monitorizar os caudais de cheia em Mloka, que se estima que aumentem até 700 m^3/s. O estudo WREP retratou os resultados satisfatórios do regime de caudais do rio.

No entanto, não conseguiu retratar os papéis dos processos hidrológicos que causam inundações. Para além disso, o estudo do WREP é reavivado ao prestar menos atenção à análise da qualidade dos dados. No entanto, nada foi dito sobre a forma como os dados das estações meteorológicas fora da bacia de Rufiji foram es- timados e processados. O grau exato do estudo WREP manteve-se nos processos de validação que mostraram um elevado grau de concordância entre os resultados simulados e os valores medidos.

Birhanu et al. (2007) aplicaram um modelo hidrológico concetual concentrado para simular as caraterísticas hidrológicas a montante da LRB na bacia

2 O HEC-RAS é um modelo hidrológico cuja estrutura utiliza escoamentos hidráulicos unidimensionais estáveis e não estáveis para analisar os caudais do canal e a inundação.

hidrográfica superior de Kihansi noutro estudo. Os resultados da simulação do modelo foram insatisfatórios devido à topografia da bacia hidrográfica e à variabilidade espacial das variáveis hidrológicas de entrada. O estudo de Birhanu recomendou a utilização de um modelo semi-distribuído como o SWAT para modelar as interações hidrológicas para o rio Rufiji. Nenhum destes dois estudos de modelação hidrológica contém evidências sobre a estimativa do viés do modelo e a sen- sibilização dos parâmetros. Por conseguinte, foi bastante difícil compreender quais os parâmetros e em que condições de fronteira foram mais influentes para estimar os escoamentos de água do rio.

Mwandosya et al. (1998) foi um estudo de modelação hidrológica de base no país que aplicou Modelos de Circulação Geral (MCG) para avaliar a vulnerabilidade dos recursos hidrológicos e a adaptação às alterações climáticas. Os resultados do estudo de Mwadosya mostraram que a variabilidade climática no país é afetada pela topografia, latitude, estações (inverno e verão), altitudes e zonas. Pessoalmente, tenho a sensação de que os estudos de modelização hidrológica não resolvem o problema por si só sem incluir o conhecimento dos estudos socioeconómicos. Os estudos de Duvail e Hamerlynck (2007), Hoag e Öhman (2008) forneceram informações sobre a forma como a pobreza na LRB muda com os caudais hidrodinâmicos do rio na planície aluvial. A complexidade sintomática das condições de seca e inundação no baixo Rufiji é muito dinâmica e muito afetada pelo El Niño. O El Niño é um evento que traz mais água quente e ar seco, e é a principal fonte de seca na África Austral (Mann e Kump, 2009).

As alterações das condições climáticas globais na região são maioritariamente influenciadas pela *Oscilação El Niño-Sul (ENSO)*[3] devido às alterações sazonais do El Niño e da La Niña. O La Niña é o fenómeno de precipitação elevada que ocorre quando a corrente oceânica no Pacífico oriental e central é muito mais forte para a ressurgência de água fria no Pacífico equatorial oriental e central. A seca do solo depende principalmente da intensidade da temperatura do ar. A temperatura do ar está correlacionada com a radiação líquida que é absorvida na superfície do solo ou reflectida de volta para a atmosfera.

No total, a Terra recebe 340,4 Wm^{-2} de radiações solares líquidas, que se dividem em 163,3 Wm^{-2} (48%) ao serem absorvidas pela superfície terrestre e 22,9 Wm^{-2} (7%) emitidas para a atmosfera (NASA, 2012). Normalmente, a divisão da radiação solar é determinada pela quantidade de água vaporizada, pela densidade do ar comprimido e pelas propriedades dos gases com efeito de estufa que afectam o processo de transferência de calor, ou seja, o calor latente (L), o calor sensível (H) e o calor de superfície (S). A intensidade da

3 O ENSO é definido como uma oscilação irregular do sistema climático favorecida por alterações inter-relacionadas da temperatura da superfície do oceano, das correntes oceânicas e do vento no Pacífico equatorial.

radiação solar varia com a resistência da cobertura vegetal, as latitudes, a nebulosidade e as emissões de gases com efeito de estufa. Quanto maior for o vapor de água e a concentração de gases com efeito de estufa (GEE), maior será o mecanismo de retroação positiva que conduz ao aquecimento da Terra e à redução da precipitação. A este respeito, o IPCC estimou que há 390 ppm de CO_2 acima do nível pré-industrial e projecta-se que aumente para 6,4° C até ao final deste século (IPCC, 2007; IPCC, 2011). Assim sendo, o aumento do vapor de água na atmosfera é o que gera o aumento da temperatura do ar atmosférico que traz sérios impactos de défice de humidade no solo. Isto é prescrito como um aspeto de um mecanismo de feedback positivo, que se consubstancia na evapotranspiração que in- crementa o vapor de água do solo e das massas de água superficiais, que contém gases com efeito de estufa e é regulado pelos fluxos de vento e pela circulação do ar na atmosfera.

Os enormes aumentos da nebulosidade atmosférica e do vapor de água geram *Albedo* e *emissividade*, que são adequadamente considerados veículos-chave para o aquecimento global. Numa bacia hidrográfica como a de Rufiji, grande parte das emissões de gases com efeito de estufa provém da desflorestação, dos sistemas de cultivo, dos veículos de transporte, dos estaleiros de construção e das estações de tratamento de águas residuais, em especial o dióxido de carbono (CO_2), o metano (CH_4) e o gás nitroso (N_2O). A concentração crescente de GEE e de vapor de água na atmosfera aumenta os balanços energéticos da superfície através do *albedo* e *da emissividade*, o que, por sua vez, diminui a precipitação. O relatório especial sobre as emissões de GEE do IPCC[4] previu que a concentração de emissões de CO_2 provenientes da utilização dos solos irá aumentar significativamente devido à continuação da desflorestação, ao crescimento da população e ao desenvolvimento intensivo da agricultura em grande escala (IPCC, 2000). O aumento da radiação solar atmosférica força a emissão de CO_2 e de vapor de água, o que aumenta *o albedo* e *a emissividade* e, consequentemente, leva ao aquecimento energético do solo e à evaporação da água superficial. A energia libertada para a atmosfera através da interação de três processos: calor latente, calor sensível e calor superficial. A recente seca nas planícies aluviais do baixo Rufiji e no Delta está sobretudo associada à evapotranspiração .[5]

A evapotranspiração ocorre quando o vapor de água total da superfície da Terra, das massas de água e da superfície das plantas é libertado para a atmosfera através da interação de três processos: calor latente, calor sensível e calor de superfície. A taxa de evapotranspiração é uma função da radiação líquida, da resistência do ar e da pressão do vapor atmosférico, que é

4 Relatório especial sobre cenários de emissões para o Grupo de Trabalho III do Painel Intergovernamental sobre Alterações Climáticas, IPCC, Universidade de Cambridge, Reino Unido.

5 A evapotranspiração é uma componente importante do ciclo hidrológico que combina dois processos: a evaporação da superfície húmida do solo e das massas de água e a transpiração real da vegetação por superfície do solo

influenciada por quatro factores principais, incluindo a radiação líquida, a disponibilidade de água, a velocidade do vento e a humidade relativa. Existe uma grande co-variação entre a evaporação e a emissão de gases com efeito de estufa provenientes da desflorestação para a segurança energética urbana e rural e a extensão agrícola e a segurança energética (Hoff, 2011). Todas as questões promoveram a perplexidade da procura de água no baixo rio Rufiji, mais especificamente nas planícies aluviais e no Delta. Os meios de subsistência da maioria dos habitantes de Rufiji dependem fortemente da estação das cheias para as actividades alimentares e de pesca. As ocorrências de seca nas planícies aluviais e no delta durante os últimos três anos aceleraram o conflito de terras. Hoag e Öhman (2008); Hammerlynck et al. (2010) que as disputas pela água e pela terra aumentaram recentemente entre indígenas e investidores de grande escala, e a propriedade da terra nas aldeias e a terra re-servida devido à escassez de água prevalecente e à intrusão de salinidade nas terras agrícolas dos pequenos proprietários.

Em geral, a existência de variabilidade climática nas planícies aluviais do baixo Rufiji e no delta trouxe mais desafios à gestão das fontes de água, tais como secas do solo, inundações, intrusão salina, perda de implicações culturais e ecossistemas funcionais (Hoag e Öhman, 2008). A manutenção dos meios de subsistência nestes cenários exige uma avaliação integrada dos regimes hidrológicos do Baixo Rufiji, dos seus balanços hídricos e armazenamentos. Isto oferecerá uma oportunidade para uma coordenação fiável de PPP's que possa reconhecer as necessidades e prioridades de múltiplos interessados. Isto é paralelo às capacidades das instituições locais para responder aos impactos das alterações climáticas, à barragem proposta e à expansão agrícola em grande escala. A utilidade dos modelos na modelação ambiental é avaliada com base no grau de erros de simulação em relação aos dados de observação. Uma vez que a variabilidade da água não é muito consistente devido ao aumento da incerteza causada pela variabilidade climática e pelos usos do solo.

1.8 Motivação para estudar

A motivação substancial deste estudo é inspirada pela preocupação de avaliar a força do CoupModel e do SWAT na previsão das componentes do balanço hídrico na LRB. A LRB é selecionada como caso de estudo porque, até agora, existe pouca informação sobre a sensibilidade e a escalabilidade dos impactos das alterações climáticas e do uso do solo no escoamento superficial dos rios, na evapotranspiração do solo e no teor de humidade do solo. A revisão da literatura mostra as reacções às alterações climáticas: a seca e as inundações imprevisíveis afectaram significativamente os sistemas agrícolas dos pequenos agricultores, a pesca e as pastagens dos animais (Hoag e Öhman, 2008). Durante várias décadas, estes factores têm apoiado os meios de subsistência das sociedades pobres de Rufiji. A sensibilidade destas reacções levou à deterioração da produtividade das planícies aluviais, das capturas de peixe e do crescimento dos mangais. Da mesma forma, os interesses crescentes de transformar os recursos hídricos do rio Rufiji em grandes barragens STIGO e esquemas de irrigação para a produção de biocombustíveis foram factores adicionais para a seleção desta área de estudo de caso. Dado que a LRB é o lar das sociedades mais pobres, cuja economia e segurança alimentar dependem das inundações: magnitude e frequência das inundações.

Muitas das investigações que, pelo menos, aplicaram a modelação hidrológica na LRB indicaram resultados limitados que apoiam a estratégia de gestão da água e a redução dos riscos da produção agrícola. Por conseguinte, foi crucial utilizar as ferramentas de modelação hidrológica para compreender a escalabilidade dos impactos das alterações climáticas e o grau de desempenho destes modelos na previsão das componentes e incertezas do balanço hídrico. A contribuição deste estudo na utilização das ferramentas de modelação hidrológica fornece resultados que identificam as zonas mais secas e, posteriormente, avaliam a forma como a gestão dos solos e a variabilidade climática afectam as condições do balanço hídrico.

Além disso, este estudo prossegue com o objetivo de estabelecer parâmetros essenciais e condições de fronteira para estudos futuros. As abordagens do estudo envolvem as aplicações do SWAT e do CoupModel para avaliar o desempenho do modelo, a qualidade dos dados e a gravidade das inundações e das secas nos sistemas agrícolas de pequenos agricultores em . O CoupModel e o SWAT foram selecionados devido à sua força e aplicabilidade na simulação das componentes do balanço hídrico, da gestão dos solos, da sedimentação e da qualidade da água, próximas da realidade. A estrutura concetual do modelo SWAT, por exemplo, oferece fiabilidade na calibração, no modelo de validação e nas incertezas do parâmetro (Fig. 6). Os principais elementos que distinguem o CoupModel e o modelo SWAT de outros modelos são a sua estrutura,

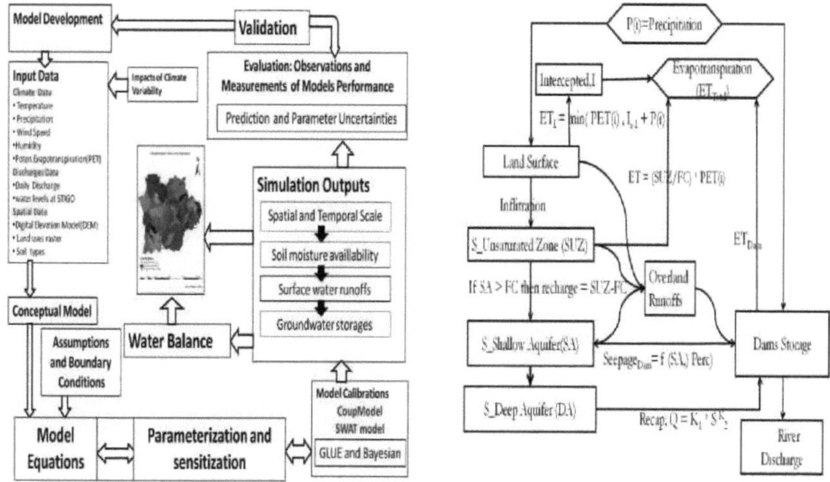

Figura 5. Estrutura esquemática do estudo. Figura 6. O modelo concetual.

que fornece métodos de calibração e outras interfaces que podem reduzir as incertezas de calibração.

1.9 Estrutura esquemática do estudo

Este estudo utilizou uma combinação de métodos qualitativos e quantitativos para recolher dados primários e secundários. Os dados primários foram recolhidos através de observação no terreno, discussão em grupo com pequenos agricultores e utilizadores de água em grande escala. Os dados primários foram utilizados para definir as limitações dos parâmetros sensíveis ou as condições de fronteira para a simulação do balanço hídrico no modelo SWAT e no modelo Coup. Os dados secundários para a modelação SWAT e CoupModel abrangem o clima, a descarga do rio e os dados espaciais. Os dados climáticos incluem a precipitação, a temperatura do ar, a velocidade do vento e a humidade, que foram recolhidos de diferentes publicações e da NO-AA-National Oceanic and Atmospheric Administration. Os dados abrangem um período de 55 anos e são registados diariamente. Antes do processo de modelação hidrológica, os dados foram analisados no CoupModel. Os dados espaciais incluíram o Mapa Digital de Elevação (DEM), o mapa de ocupação do solo e o mapa de solos recolhidos de diferentes fontes, mais particularmente da Earth Explorer-Shuttle Radar Topography Mission (SRTM). As fases da modelação hidrológica dividem-se em desenho concetual, calibração do modelo, validação, análise de incertezas e avaliação de cenários.

O processo de simulação no CoupModel e no modelo SWAT envolveu a calibração, sensibilidade e análise de incerteza dos parâmetros simulados. O CoupModel foi utilizado para criar as novas estações meteorológicas no

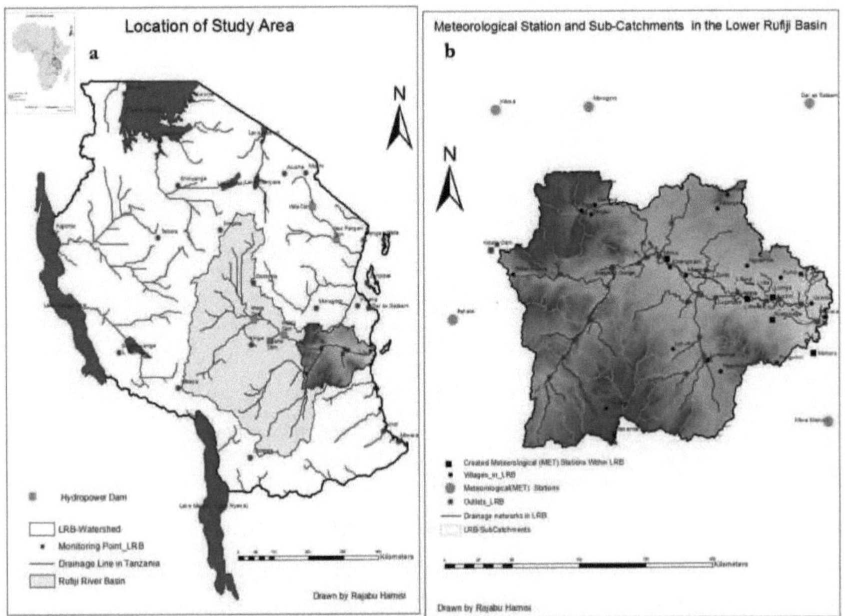

Figura 7. Mapa da área de estudo; a) Localização da área de estudo e b) Estações Meteorológicas.

Bacia inferior do Rufiji e preencher os valores em falta. As calibrações do modelo no CoupModel foram efectuadas através de duas abordagens principais baseadas na equação de iteração do Balanço de Energia (EBAL) e na equação de Penman Monteith (PM).

A descarga fluvial observada para o desfiladeiro de Stieglers (1957-1984) digitalizada em resolução mensal a partir do Relatório Técnico WREP (2003). O período de validação para o escoamento total foi selecionado de 1972 a 1984. O processo de validação no CoupModel foi efectuado através do método informal sistemático - GLUE (Estocástico) e do método formal de calibração Bayesiana (BC). Os dados digitalizados para a descarga do rio no desfiladeiro de Stiegler foram construídos a meio do mês (dia 15). O método de sensibilidade dos parâmetros foi efectuado para todas as componentes do balanço hídrico. A força de previsão do modelo foi avaliada através dos índices de desempenho: (R^2), erro quadrático médio (RMSE), erro médio (ME) e Nash-Sutcliffe (NSE_{r2}).
Por último, os resultados do estudo são interpretados com base nos cenários climáticos e de utilização dos solos e nos índices de desempenho dos modelos.

2 MATERIAIS E MÉTODOS

2.1 Bacia do Baixo Rufiji (LRB)

A LRB está localizada a jusante do rio Rufiji entre as latitudes 7ºββ' S e 8º91' S e as longitudes γ7º01' E e γ9º4γ' E. A bacia inferior do Ru- fiji tem uma superfície de 34468 km2 formada por 96 sub-bacias com quatro saídas de macrodrenagem (Fig. 7). O desfiladeiro de Stieglers é um ponto de convergência dos três principais afluentes do rio Rufiji: (i) o grande rio Ruaha (83979 km2), (ii) o rio Kilombero (39990 km2) e (iii) o rio Luwegu (26300 km2). A caraterística hidrológica da LRB está dividida em três zonas. Em primeiro lugar, as planícies de inundação orientais localizadas no delta do mangal superior e inferior a 6 m (a.s.l). Em segundo lugar, a planície de inundação central é potencial para o cultivo de pequenas explorações agrícolas. Em terceiro lugar, o vale ocidental caracterizado pela floresta mista de Miombo e pela reserva de caça de Selous (Fig. 10).

O baixo rio Rufiji tem um caudal médio anual de 808,3 m3/s drenado para o Oceano Índico através de 500 km2 de delta rico em mangais (WREP, 2003).

A temperatura da bacia varia entre 22.6 oC e 24.3 oC onde a velocidade do vento é relativamente baixa estimada em 2.58 m/seg. O vento predominante na estação de chuvas fortes tem origem no Sudeste, enquanto a estação de chuvas curtas é relativamente influenciada pelo vento de Mansoon do Norte que sopra do Nordeste (Mwandosya et al, 1998).

As condições quentes relativas ao verão ocorrem normalmente entre junho e outubro e são seguidas de precipitação fraca *(Vuli)* que começa em novembro e termina em janeiro. A precipitação intensa (*masika*) ocorre entre fevereiro e abril. A bacia tem lagos permanentes e sazonais de grandes dimensões, como o lago *Zumbi (5,6 km2), Ruwe (8,2 km2), Uba (2,9 km2),* que se encontram a norte do baixo rio Rufiji. Os lagos *Ilu, Weme* e *Lugongwe* estão situados a sul da planície de inundação central do baixo rio Rufiji. Independentemente das sensibilidades da LRB, mas nenhuma das estações meteorológicas está localizada na LRB (Fig. 7). As condições climáticas no local de construção da grande barragem de Stiegler são quentes e secas, com uma PET média anual de cerca de 2358,4 mm/ano e uma capacidade de evapotranspiração anual de 0,97 Kpa (Quadro 2). A classificação das condições hidrológicas na LRB é muito diversificada, desde o semi-árido seco a montante, no desfiladeiro de Stiegler, até à savana tropical nas planícies de inundação agrícolas centrais e às monções tropicais (ventosas e húmidas) a jusante, nas planícies de inundação orientais e no delta dos mangais.

A bacia recebe uma precipitação bimodal; chuvas *curtas-Vuli* (outubro a dezembro) e chuvas *longas-Masika* (fevereiro a maio). A bacia está a sofrer uma escassez de precipitação (Fig. 8). A precipitação na bacia é elevada na aldeia de Mloka (2535 mm/ano) e diminui à medida que se aproxima do delta, onde Ikwiriri e Muhoro recebem 1320 e 1360 mm/ano, respetivamente. A planície de inundação agrícola central nas aldeias de Nyamwage e Utete recebe normalmente 1540 e 2130 mm/ano. A quantidade de água pré-

Tabela 2. Condições climáticas para as novas estações meteorológicas hidroclimáticas criadas.

Station	Climate Condition	Land use	Annuall Mean T_{air}(°C)	Annual Total mean Prec.(mm)	Wind Speed (m/s)	Annual Mean Humidity(°C)	Actual Evaporation capacity(Kpa)	Elevation. (m)	Latitude (S).	Longitude (E).
Stiegler's Gorge	Hot semiarid	Glassland and shrubs	24.24	1925	2.6	17.96	0.97	140	-7.83°	37.85°
Utete	Dry and Humid	Mixed forest	26.32	2130	3.18	21.93	0.80	61	-7.59°	38.45°
Nyamwage	Dry and Humid	Central floodplain-agricultural land	24.59	1540	2.43	19.21	0.86	49	-8.07°	38.59°
Ikwiriri	Wind and Humid	Residential and lakes	19.74	1320	2.4	18.69	0.15	33	-7.57°	38.59°
Muhoro	Wind and Humid	Mangrove forests and Delta	21.45	1360	2.86	30.33	-1.77	6	-7.46°	39.21°
Mloka	Dry and Humid	Western valley	24.62	2535	2.43	18.69	0.94	53	-7.87°	38.51°

As precipitações curtas (Vuli) são tradicionalmente predominantes para as culturas de crescimento rápido, como as hortícolas, enquanto as precipitações longas (Masika) são normalmente utilizadas para as culturas perenes e com elevado teor de humidadeo arroz e o milho. A precipitação curta *(Vuli)* é tradicionalmente predominante para culturas de crescimento rápido, como as hortícolas, enquanto a precipitação longa *(Masika)* é normalmente utilizada para culturas perenes e com elevado teor de humidade, como o arroz e o milho. A a longo prazo da precipitação no desfiladeiro de Stiegler é mostrada na figura 8 acima. A área de construção da grande barragem de Stiegler situa-se a 140 m (a.s.l) e as suas condições climáticas são caracterizadas por um semi - árido seco com uma precipitação média anual de 1925 mm e uma capacidade de evaporação real de 0,97 kpa (Tabela 7).

2.1.1 Condições de fronteira e limitações

A principal limitação deste estudo foi a falta de dados diários de descarga de longa duração para o desfiladeiro de Stiegler. De acordo com Abbaspour (2012), a falta de dados diários contínuos pode reduzir a força de calibração do modelo. As condições limite das caraterísticas da bacia hidrográfica do LRB são conceptualizadas através de compartimentos de superfície verticais e horizontais. Os compartimentos foram definidos com base nas ligações com a atmosfera, o calor da hidrosfera e os fluxos de águas superficiais. Os compartimentos da superfície do solo são identificados como camada superior e inferior do solo. A camada superior do solo constitui o armazenamento de inter- cepções, a matéria húmica e o coberto vegetal. Estes componentes no compartimento superior do solo são muito úteis para controlar o fluxo de água e de calor com base na resistência aerodinâmica, na condutividade térmica e hídrica do solo e no teor inicial de água. Nesta camada, a condutividade térmica é controlada pela quantidade de oxigénio livre, pela temperatura do solo e pelo teor de água no espaço poroso do solo. Esta é uma camada que divide a precipitação recebida e a radiação solar líquida. A topografia na camada superior do solo varia consoante a divisão da bacia hidrográfica utilizada para delinear a bacia hidrográfica do LRB. A topografia da bacia hidrográfica foi caracterizada por usos do solo e tipos de solo. A condição de fronteira inferior abrange apenas a camada saturada que é especificada pela divisão das águas subterrâneas. Neste estudo, o divisor de águas subterrâneas é caracterizado pelo lençol freático. O lençol freático foi definido para mudar com os fluxos de água de base, a condutividade hidráulica na camada superior do solo e os fluxos de calor. A condutividade térmica alterou-se em função da pressão de vapor e do teor de água do solo. Na superfície terrestre, foi definida a condição de fronteira da hidrosfera . Esta é constituída por cursos de água e reservatórios de água de superfície, que são importantes para descrever as trocas de calor e de vapor de água entre a troposfera e a camada superior do solo. Em muitos cenários, a quantificação da evapotranspiração é estimada na hidrosfera. Isto porque esta camada é diretamente afetada pela partição da energia solar, pelo circuito térmico solo-atmosférico e pela composição dos gases.

2.1.2 Pressupostos e hipóteses

A hipótese é definida como uma suposição científica que mede a verdade das observações, dados medidos, resultados ou decisões. A probabilidade de tomar uma decisão correta e os riscos de tomar uma decisão errada são avaliados através de testes de hipóteses. A probabilidade mais elevada que consideramos para decidir que esta é errada é dada pelo nível de significância (α) (erro de tipo I) e a decisão correta é dada por ($1-\beta$) (erro de tipo II). A hipótese está associada à distribuição geo-gráfica, à natureza, à teoria e aos princípios científicos. Há cinco factores que contribuem para uma decisão correta, tais como um grande número de amostras, variâncias mais baixas, um nível de significância superior a 0,05 e tamanhos efectivos mais elevados, que medem a distância entre a hipótese nula (H_0) e a hipótese alternativa (H_1) e, finalmente, o poder estatístico.

O poder estatístico forte deve ser superior a 80 por cento (ou seja, coeficiente de correlação (r) ≤ 0,8).

O coeficiente de correlação (r) mais elevado ocorre quando a dimensão efectiva da amostra é maior e as variâncias são baixas. Geralmente, amostras de grandes dimensões reduzem a variação, embora não seja uma garantia. A correção da decisão é elevada se o nível de significância (α) (probabilidade normal (valores-p) for superior a 0,05.

As principais hipóteses nulas (H_0) inventadas neste estudo foram: (1) não há diferença climática no LRB; (2) os valores médios das variáveis de entrada (precipitação, temperatura, velocidade do vento e evapotranspiração) foram constantes ao longo do tempo; (3) declive zero da linha de regressão linear. As expressões inversas da hipótese nula são verdadeiras para as hipóteses alternativas individuais (H_1).

Os pressupostos que regem a simulação da interação dos fluxos de água e de calor foram definidos pelas propriedades da paisagem, do solo, das plantas e da atmosfera.

Isto deve-se ao facto de o estado hidrológico de uma bacia hidrográfica ser moldado pela natureza da topografia, pela pressão humana e pela variabilidade climática, que também altera a qualidade e a quantidade dos escoamentos superficiais, da água do solo e dos fluxos de calor. Outro pressuposto foi o das inundações que ocorrem quando a pré-cipitação excede a capacidade de infiltração do solo. As propriedades do solo foram assumidas como homogéneas, com um macroespaço poroso uniforme e entrada de ar, o que resultou no pressuposto de que o fluxo de água no solo era laminar. A energia foi conservada nos fluxos de massa e nas trocas de calor entre a atmosfera e o solo. Os movimentos e armazenamentos de água foram assumidos como ocorrendo em duas dimensões, direcções horizontal e vertical. Os movimentos horizontais da água são constituídos pelo escoamento superficial total e pelo *retorno* da *água* da humidade do solo e das águas subterrâneas . As principais componentes do balanço hídrico consideradas neste estudo assumiram alterações com o espaço e o tempo.

2.2 Modelos Entrada

2.2.1 Dados e criação de uma nova estação

Foram utilizados conjuntos de dados hidroclimatológicos e espaciais como dados de entrada para simular o balanço hídrico e a variabilidade climática no modelo CoupModel e SWAT. O principal conjunto de dados hidroclimatológicos incluiu a descarga do rio Ru-fiji e variáveis meteorológicas como a temperatura do ar (oc), a precipitação (mm/dia), a humidade (oc), a pressão de vapor (Kpa), a nebulosidade (diurna) e a velocidade do vento (m/s). No total, havia 208267 registos de variáveis meteorológicas, que cobriam séries temporais de 55 anos, de abril de 1957 a março de 2012, que foram acedidas a partir da NOAA - National Oceanic and Atmospheric Administration, disponíveis online em http://gis.ncdc.noaa.gov/map/isdsummaries. Seis estações de vinte e quatro estações meteorológicas da Tanzânia foram selecionadas com base na proximidade da LRB, na fiabilidade dos dados, no número de registos e na correlação das condições climáticas e das elevações entre as estações conhecidas e as novas estações criadas.

As estações selecionadas foram Dar es Salaam, Dodoma, Iringa, Karonga, Kilwa Masoko e Morogoro. O conjunto de dados espaciais abrange o modelo de elevação digital (DEM), a utilização da terra e o mapa raster do solo, que foram utilizados para explorar os impactos dos cenários de utilização da terra no modelo SWAT.

O CoupModel foi utilizado para criar novas estações meteorológicas. O processo de criação de novas estações foi efectuado tendo em conta a proximidade, a correlação climática e as condições geográficas (elevações e latitudes) entre a estação conhecida e a nova estação criada. O princípio aplicado para a criação de novas estações foi baseado no método de interpolação *de ponderação de distância inversa (IDW)*. Os valores das variáveis climáticas da nova estação criada foram obtidos através da alteração das coordenadas de latitude e longitude no CoupModel. As coordenadas da estação criada variaram entre as latitudes (-7,460 e -7,870) e a longitude (37,850 e 39,210) (Tabela 2). A estação de Karonga, localizada a montante da LRB e caracterizada por condições quentes e semi-áridas, foi utilizada para criar a estação de Stieglers Gorge. As novas estações criadas, com a sua elevação em blacket, foram Stieglers Gorge (140 m), Mlo- ka (53 m), Utete (61 m), Ikwiriri (33 m), Nyamwage (49 m) e Mohoro

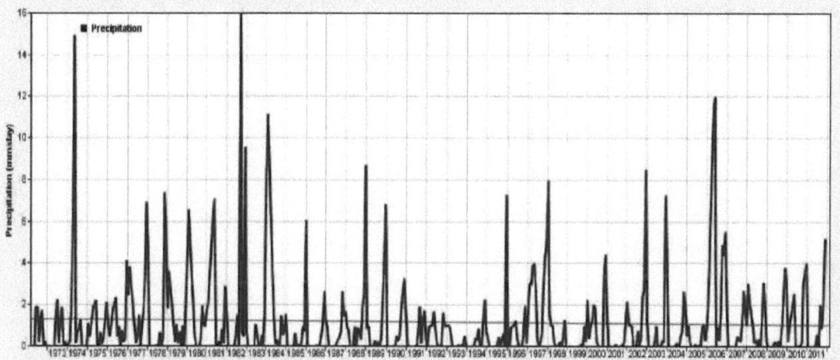

Figura 8. Variabilidade a longo prazo da precipitação diária (mm/dia) no desfiladeiro de Stiegler.

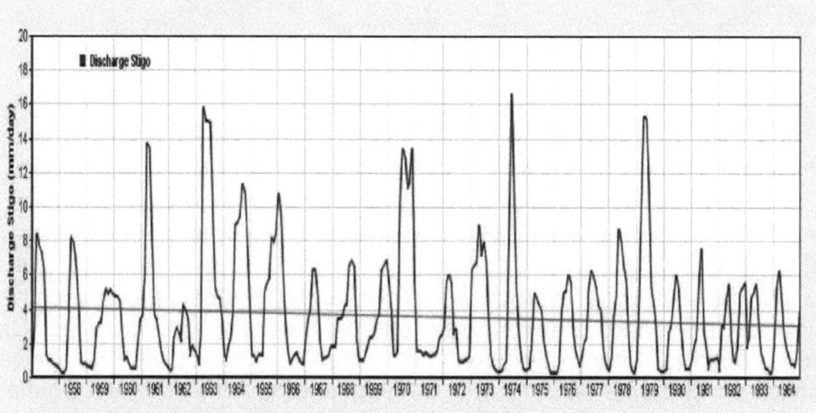

Figura 9. Variabilidade a longo prazo da descarga digitalizada (mm/dia) no desfiladeiro de Stiegler.

(6 m) (Tabela 7). A precipitação acumulada das novas estações (Fig. 13).

2.2.2 Descarga do rio

Foi muito difícil aceder aos dados originais de descarga do desfiladeiro de Stieglers. Isto deve-se à sensibilidade e aos interesses políticos nacionais na conceção e construção da barragem de Stiegler. Por conseguinte, as descargas observadas para o desfiladeiro de Stiegler foram obtidas através da digitalização do fluxo hidrográfico do Relatório de Engenharia de Recursos Hídricos da Universidade de Dar Es Salaam WREP (2003) (Fig. 9). No total, 336 valores de descarga mensal digitalizados cobriram um período de 27 anos. Estas descargas foram uma entrada importante para calibrar e validar os escoamentos totais no CoupModel e no modelo SWAT. As medições digitalizadas em cúmecs (m^3/s) foram convertidas em mm/dia de modo a respeitar as unidades de

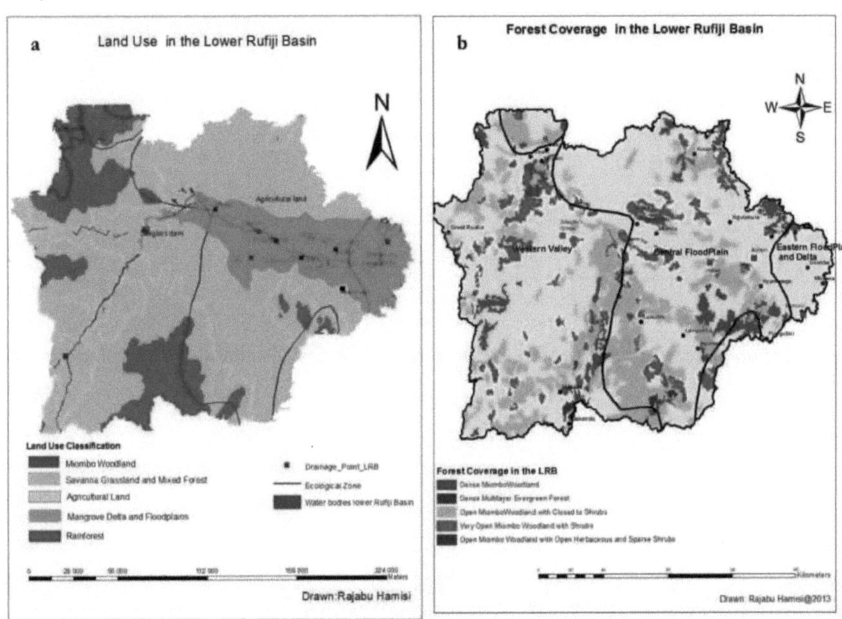

Figura 10. O mapa da Bacia do Baixo Rufiji representando; a) Uso da terra e b) Distribuição da cobertura florestal.

outras variáveis climáticas. O processo de conversão foi efectuado através da multiplicação dos dados de descarga em (m^3/s) por 86400 seg/dia. Os resultados obtidos foram divididos pela área de superfície da bacia hidrográfica do LRB (34468E+10 m^2). Em seguida, os resultados em (m/dia) foram multiplicados pelo fator 1000 para obter a descarga em (mm/dia). A descarga mínima é de 0,24 mm/dia e o pico mais elevado é registado em 16,61 mm/dia (Fig. 9). A maior magnitude do hidrograma de caudal foi registada em 1965, 1966 e 1979.

2.2.3 Modelo Digital de Elevação (DEM)

A resolução de 30 m*30 m do modelo digital de elevação (DEM) foi extraída da Shuttle Radar Topography Mission (SRTM). Os dados foram importados para o Arc SWAT para a delimitação das bacias hidrográficas e a análise da drenagem. Em primeiro lugar, a grelha raster DEM descarregada foi anexada ao Arc Map utilizando uma ferramenta de anexação localizada na gestão de dados do Arc Map. A grelha DEM foi classificada em cinco classes no Arc SWAT. Estas classes representam as planícies de inundação (0 - 20 %), os terrenos ondulados (20 - 40 %), as pequenas colinas (40 - 60 %), os pequenos declives (60 - 80 %) e os declives acentuados (80 - 100 %). A classificação do declive no desfiladeiro de Stiegler foi definida como sendo íngreme (89%), acreditando-se ser uma altura considerável para a construção de uma barragem hidroelétrica (Fig. 10).

Tabela 3. Cobertura do uso do solo na bacia do Baixo Rufiji.

Utilização do solo	Descrição	Área (%)
Água Natural e Artificial Corpo	Terras cobertas por lagos, margens de rios e rios potencial para a pesca	7.09
Planícies aluviais e florestas de mangais	Principais planícies aluviais agrícolas com inundações regulares e o delta, que é normalmente utilizado para a agricultura de planícies aluviais e o sistema de cultivo do delta	26.48
Madeira	Terreno coberto por culturas arbustivas, prados de sequeiro e floresta de miombo dispersa, caracterizado por uma visibilidade até 200 m	41.39
Prados e bosques mistos	Terrenos dominados por uma cobertura de madeira geral aberta com herbáceas próximas da abertura (florestas de Miombo) ou terrenos inundados temporários	18.89
Floresta de Miombo	Terreno dominado por um elevado coberto florestal de Miombo, caracterizado por um baixo escoamento superficial	5.85
Floresta tropical	Terreno dominado por uma densa floresta tropical perto do arco oriental Montanhoso	0.30

A bacia hidrográfica do LRB foi finalmente delineada no software Arc SWAT e representava 96 sub-bacias e 34468 km^2.

2.2.4 Utilização do solo

Os dados de utilização do solo foram acedidos a partir da cobertura global da Agência Espacial Europeia (ESA) disponível em http://due.esrin.esa.int/globcover. Tal como para os dados DEM, as grelhas de utilização do solo foram inicialmente anexadas no Arc Map e posteriormente classificadas em análises HRU no Arc SWAT. A definição de HRU modelo SWAT consistiu em reclassificar a utilização do solo e na definição de HRU/Solo/Encosta foi aplicada para eliminar as utilizações do solo que se encontravam abaixo dos valores-limite selecionados (Fig. 10). Os valores-limite selecionados foram (20 %, 20 %, 2 %), representando a percentagem de terra, solo e declive que foram eliminados durante o processo de criação das HRU. A distribuição final das HRUs foi calculada utilizando o método de sobreposição de ponderação, que seleciona as múltiplas HRUs de utilização do solo em cada sub-bacia. A distribuição final das HRUs de uso do solo foi reposta a 100 % e representava terras agrícolas (41,39 %), pastagens de savana e floresta mista (18,89 %), floresta de miombo (41,39 %), floresta de miombo densa (5,85%), floresta tropical densa (0,30 %) e massa de água (7,09 %) (Quadro 3). As HRUs criadas foram um elemento importante na quantificação da quantidade de água armazenada.

2.2.5 Dados do solo

Os dados do solo foram descarregados da FAO - Soil and Terrain Database for East Africa - SOTER e utilizados como unidade de entrada no Arc SWAT (FAO, 2011).

O atributo solo na base de dados Arc SWAT foi utilizado para definir a tabela de propriedades do solo específica para a LRB. Na interface Arc SWAT, os parâmetros do solo estão estruturados em parâmetros para todo o perfil do solo e

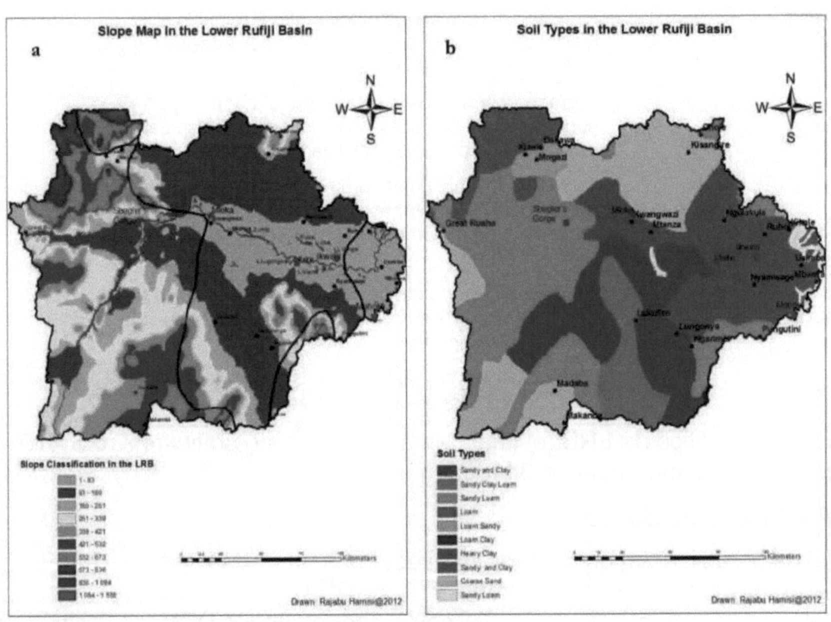

Figura 11. A bacia inferior de Rufiji; a) Mapa de declives e b) Mapa de solos.

para camadas de solo específicas. A distribuição espacial dos tipos de solo na LRB é muito complexa. As propriedades como a condutividade hidráulica do solo, o teor de humidade inicial, as texturas do solo, o teor de carbono orgânico, as propriedades físicas e a densidade aparente do solo são transitórias em relação ao local e ao tempo. Durante muitos anos, estas caraterísticas hidrológicas foram utilizadas pelos habitantes do Baixo Rufiji para definir o sistema agrícola. Os tipos de solo nas planícies aluviais são solos argilosos pesados (3,68 %) que, de acordo com a classificação da FAO, são designados por *Eutric Fruvisols* (Fig. 11). Este solo contém quantidades apreciáveis de argilas aliviadas e matéria orgânica, que são importantes para o desenvolvimento da agricultura. Este tipo de solo é muito rico para a cultura do arroz. O vale ocidental nos terrenos do planalto meridional e no de Stieglers é ocupado por solos acastanhados, *Cambissolos ferrálicos* (44,09 %), ligeiramente formados pela meteorização dos materiais de origem. Este tipo de solo carece de matéria orgânica, alumínio e compostos de ferro, e é comummente encontrado em terrenos de elevada altitude. A zona do planalto a norte do rio é constituída por um solo franco-arenoso que, de acordo com a FAO, é identificado como Cambissolo Ferrálico com elemento químico de isótopo de carbono e molibdénio - 21 *(CMo21)*. O solo é potencial nos sistemas agrícolas do planalto para o cultivo de culturas altamente resistentes como a mandioca, o milho, o milho e o sorgo. O solo é pobre em nutrientes e tem baixa capacidade de retenção de água. A zona de construção da grande barragem de Stiegler tem um solo fortemente degradado, *ferralsols ródicos* (4,76%), que é vermelho e tem uma elevada acumulação de óxido vermelho livre.

A condutividade hidráulica deste solo é elevada, muito semelhante à da areia ou da argila. A condutividade hidráulica diminui com o aumento do poder de adsorção. O solo em o delta interior e o mangal é muito uniformemente ocupado por solo salgado, *Solonochak Sódico* - (1,02 %) que tem uma elevada concentração de Carbonato de Sódio. O *Solonochak Sódico* estável tem pH superior a 9.

2.3 Estimativa de um conjunto de entradas do modelo

Os dados em falta foram preenchidos através de três métodos no CoupModel.

Os métodos incluem (1) *Estimar os valores perdidos utilizando a melhor regressão linear obtida para outras estações* (2) *Regressão linear utilizando uma duração máxima de intervalos* e (3) *Seleção aleatória artificial de dados de outros anos*. Vários factores foram tidos em conta ao investigar o melhor método de substituição. Entre eles, inclui-se a significância do método de substituição.

Tabela 4.Método de Substituição 1 pela Melhor Regressão Linear Obtida para Outras Estações.

Nome da variável		Substituir por	Número d Substituto d	R^2	Interceção	Deslizamento e
Temperatura do ar	1:1	1:4	626	0.7	9.0	0.7
Temperatura do ar	1:5	1:3	230	0.8	-3.0	1.1

Temperatura do ar	1:6	1:1	7480	0.7	8.6	0.9
Precipitação	7:3	7:5	3542	0.2	0	0.2
Precipitação	7:4	7:5	1227	0.1	0	0
Precipitação	7:4	7:3	407	0	0	0.1
Temperatura do ponto de orvalho	2:4	2:6	4	1.0	-21.2	1.5
Temperatura do ponto de orvalho	2:6	2:4	7580	1.0	13.9	0.6
Temperatura do ponto de orvalho	2:6	2:1	3331	0.9	14.0	0.6
Visibilidade	3:1	3:4	630	0.9	2339	0.9
Visibilidade	3:4	3:1	4098	0.9	3327	0.9
Visibilidade	3:5	3:3	240	0.9	6029	0.8
Velocidade do vento	4:2	4:5	3410	0.3	1.0	0.3
Velocidade do vento	4:4	4:1	4077	0.5	1.2	0.5
Velocidade do vento	4:6	4:5	7671	0.5	3.4	0.2
Temperatura máxima	5:1	5:4	626	0.7	11.2	0.7
Temperatura máxima	5:4	5:6	4	0.8	7.0	0.7
Temperatura máxima	5:4	5:1	4100	0.7	1.7	0.8
Temperatura mínima	6:2	6:1	3319	0.8	3.5	0.9
Temperatura mínima	6:2	6:5	1706	0.7	2.7	0.8
Temperatura mínima	6:5	6:2	224	0.8	6.1	0.8
Observação Prec	8:5	8:3	235	0.6	0	0.9
Observação Prec	8:5	8:2	61	0.6	0	0.9
Observação Prec	8:6	8:5	7709	0.7	0	0.6

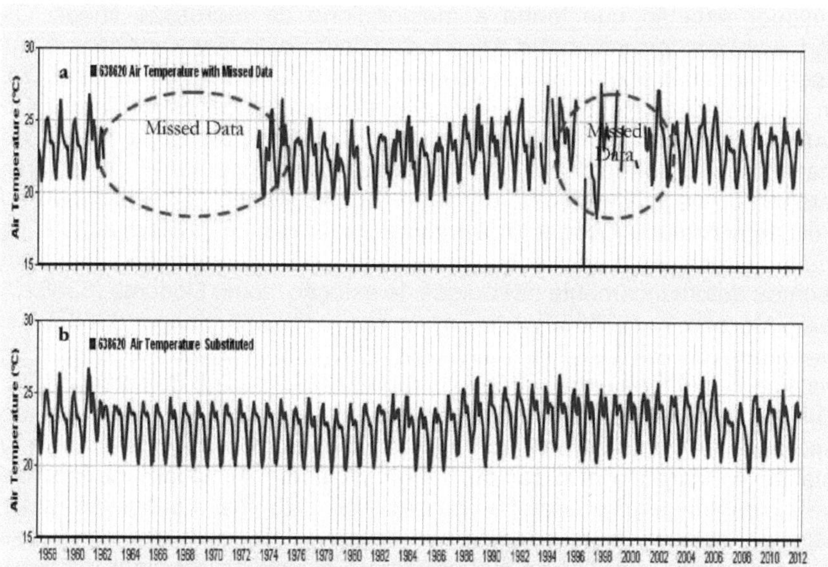

Figura 12. Tendência sazonal da temperatura do ar indicando: a) dados em falta; b) dados em falta substituídos.

correlação de cant entre estações meteorológicas (r), fiabilidade anual das tendências dos dados climáticos, resíduos entre os dados observados e simulados, declive, altitudes e proximidade das estações que foi estimada por interpolação linear entre as estações de pontos de dados. A distância limite para a interpolação linear foi selecionada no CoupModel. O desempenho dos métodos de substituição do CoupModel foi avaliado com base no número de dados substituídos a partir dos dados originais perdidos no valor de 9209. Os resultados são apresentados na Tabela 4.

2.3.1 Melhor regressão de outras estações

Este método foi utilizado para preencher os dados em falta da melhor tendência de regressão linear. O melhor coeficiente de determinação foi estimado principalmente considerando R^2 próximo de 1. O coeficiente de determinação (R^2) denota a eficiência do modelo e mede a fração da variação entre a resposta e as variáveis independentes e explica definitivamente até que ponto o modelo se ajusta aos dados. Por exemplo, um R-quadrado próximo de 1,0 indica que o modelo contabilizou quase toda a variabilidade com as variáveis, o que implica pequenas variações residuais em relação à linha de regressão de melhor ajuste. Inversamente, os pequenos valores de R^2 próximos de zero referiam-se a um coeficiente de determinação fraco e representavam variações residuais elevadas em relação à linha de regressão. Esta relação é explicada pelo modelo de tendência linear simples. As variações anuais relativas da melhor tendência de regressão foram estimadas pelo rácio entre o declive da linha de tendência e a média anual da variável específica. O método foi capaz de preencher os valores em falta com os dados de qualquer estação que tenha a melhor linha de regressão linear. Os resultados obtidos foram escritos sob a forma de **(a: b)**, o que significa que **"a"** ***representa a variável*** e **"b"** é a ***repetição referente ao código da estação***. Foram sete estações (repetições) e oito variáveis classificadas na Tabela 4 e os resultados processados estão na Tabela 5. O Modelo de Golpe classificou automaticamente as variáveis começando pela temperatura do ar (1), temperatura do ponto de orvalho-umidade (2), visibilidade (3), velocidade do vento (4), temperatura máxima (5), temperatura mínima (6), precipitação (7) e terminando com a precipitação observada (8). A repetição também representou automaticamente os códigos de estação, como Dodoma (638620) em 1º lugar, Morogo- ro (638660) em 2º, 3º Karonga (638700), 4º Iringa (638870), 5º Dar es salaam (638940) e Kilwa masoko (939193) em 6º (Quadro 5). O número de seis dígitos indicado entre parêntesis representa o código da estação (Fig. 12). O coeficiente de determinação mais elevado ($R2$ = 0,9) foi obtido quando a temperatura do ponto de orvalho (humidade) foi substituída pela humidade da estação 4 (Iringa) com o código 638870 (Quadro 4). Quase quatro das variáveis climatéricas das estações na bacia do LRB foram substituídas por variáveis da estação meteorológica de Iringa. A influência das condições climáticas de Iringa na LRB foi motivada pela elevação altitudinal (1428m), cobertura vegetal e fluxos de vento do extremo sudoeste. A tendência de precipitação acumulada para as estações meteorológicas criadas é apresentada na figura 14.

2.3.2 Duração máxima dos intervalos

Este método substituiu os dados em falta pela contagem da duração máxima dos dias nos respectivos intervalos da tendência da série temporal variável. A investigação sistemática da série temporal variável foi efectuada através da contagem do número máximo de dias no intervalo. A duração máxima do intervalo não foi excedida em 2555 dias.

2.3.3 Seleção aleatória artificial

Este método substitui os dados perdidos, capturando aleatoriamente dados ideais, dependendo da proximidade da distância (d_i), localização (x_i), pesos (w_i) e elevações (z_i) do ponto de referência de qualquer outro ano. O limiar de seleção

Tabela 5. Resumo do desempenho dos métodos de substituição do CoupModel.

Variável	Código da estação	Dados em bruto	Métodos de substituição de dados					
			(1) Melhor regressão linear obtida por outras estações		(2) Regressão linear utilizando uma duração máxima de lacunas (2555 dias)		(3) Seleção aleatória artificial de dados de outro ano	
		Inicial Dados em falta	Dados em falta	Substituído (%)	Dados em falta	Substituído (%)	Dados substituídos	Substituído (%)
Precipitação	638620	9209	6871	45	4073	75	10987	119
Precipitação	638660	8430	6720	60	4386	88	11767	140

Precipitação	638700	8039	6465	71	4027	101	12177	151
Precipitação	638870	6803	5988	109	4877	125	13384	197
Precipitação	638940	14567	5487	3	2192	25	5902	41
Precipitação	639193	1906	20082	0	19559	11	12367	649
Temp. do ar	639193	9209	6737	45	4041	74	10881	118
Temp. do ar	638620	8430	6573	60	4386	86	11660	138
Temp. do ar	638660	8039	6334	71	4027	100	12051	150
Temp. do ar	638700	6803	7586	110	4877	124	13287	195
Temp. do ar	638870	14567	5205	2	2192	23	5523	38
Temp. do ar	638940	1906	5763	751	19559	27	20080	1054
Velocidade do vento	638620	9209	6840	45	4041	76	11017	120
Velocidade do vento	638660	8430	6676	60	4386	88	11767	140
Velocidade do vento	638700	8039	6428	71	4027	101	12152	151
Velocidade do vento	638870	6803	5872	110	4877	125	13370	197
Velocidade do vento	638940	14567	5293	2	2192	24	5628	39
Velocidade do vento	639193	1906	5865	746	19559	27	20080	1054
Humidade	638620	9209	6837	45	4060	76	11020	120
Humidade	638620	8430	6280	65	4386	88	11763	140
Humidade	638660	8039	6046	76	4027	101	12170	151
Humidade	638700	6803	5732	113	4877	125	13393	197
Humidade	638870	14567	5297	2	2192	24	5643	39
Humidade	638940	1906	5843	747	19559	27	20080	1054

A distância antiga foi fixada em 600 km no CoupModel. Por vezes, foram considerados os cobertos vegetais da paisagem terrestre entre os pontos selecionados e o ponto de referência. O método aplica o procedimento de interpolação de ponderação da distância inversa (IDW) sob a noção de autocorrelação entre os pontos desconhecidos interpolados (x_i) e o ponto de referência (conhecido). Os pesos dos pontos diminuem com a distância aos pontos de referência, conforme estimado pela eqn.1.

$$Z_{(x)} = \left[\frac{\sum_i W_i Z_i}{\sum_i W_i}\right] \text{and } W_i = \frac{1}{{d_i}^2} \qquad (1)$$

Onde d_i é a distância, Xi são as localizações, w_i são os pesos e Zi é a elevação. No entanto, a distribuição dos pontos selecionados aleatoriamente no IDW é muito independente e considera-se que a localização tem a mesma probabilidade.

2.3.2 Análise da dupla massa (DM)

A análise de dupla massa é um método simples de plotagem, utilizado para a análise da qualidade dos dados. O método é um tipo de análise de regressão linear utilizado para comparar se a tendência da série temporal está a reagir de forma semelhante à da estação meteorológica de referência existente. As estações meteorológicas de Dar es Salaam foram tomadas como estações de referência depois de considerar todas as razões indicadas na secção 2.5. O DM representa a soma acumulada de valores de uma série de tempo contra a soma acumulada de outro valor. A DM é calculada principalmente como uma soma acumulada dos valores de uma série temporal variável (x_i) contra a soma acumulada de outra série temporal variável (y_i), como se escreve na equação 2.

$$X_i = \sum_{j=1}^{i} X_i \, and Y_i = \sum_{j=1}^{i} Y_i \, (2)$$

$i = 1,2,\ldots, n$. Em que Xi e Yi representam as variáveis da série cronológica.

2.4 Descrição do modelo

O CoupModel é um modelo biofísico lumped 1 - D desenvolvido a partir do modelo SOILN para simular a evaporação, os fluxos de água e de calor na atmosfera e na superfície do solo, coberto ou não por vegetação. Os pacotes recentes do CoupModel versão 4 e os ficheiros associados estão disponíveis onlinehttp://www2.lwr.kth.se/Vara%20Datorprogram/CoupModel/soiluse.html. Existem três grandes princípios que regem os processos de evaporação, calor e transporte de massa. As incertezas da simulação no CoupModel têm origem principalmente no mecanismo de retroação ou no transporte lateral e vertical dos fluxos de calor entre o solo e a atmosfera. A estrutura do CoupModel consiste em seis componentes para estimar a evaporação, os fluxos de águas superficiais (Lateral Input), os fluxos de águas subterrâneas, as propriedades de crescimento das plantas e os fluxos de calor. Os movimentos de calor, evaporação e fluxo de massa são discretizados em compartimentos. Os principais compartimentos estruturados considerados neste estudo são a superfície do solo, a precipitação interceptada, a vegetação, a camada de solo (superficial) e os aquíferos profundos. As piscinas superficiais, como riachos e lagos artificiais localizados ao longo do rio Rufiji, são apresentadas como fontes e sumidouros de água e troca de calor. O compartimento da superfície do solo é crucial para compreender a disponibilidade de humidade para a agricultura, que depende da humidade relativa e da na camada superior do solo. O modelo simula a humidade vertical e lateral

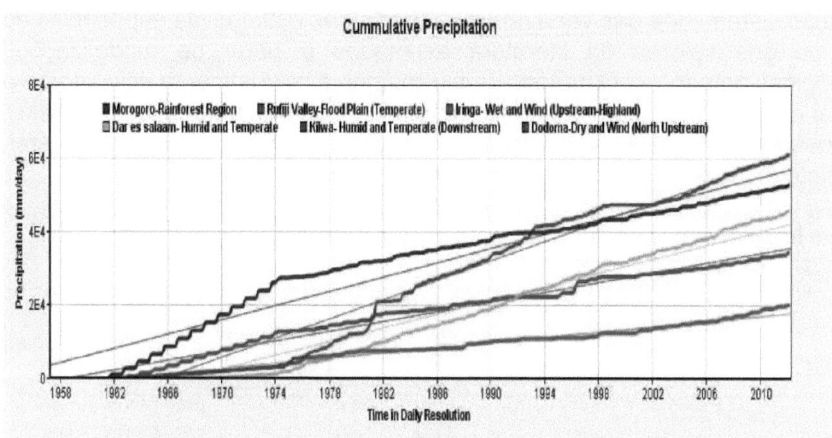

Figura 13. Precipitação acumulada para estações meteorológicas selecionadas da Tanzânia.

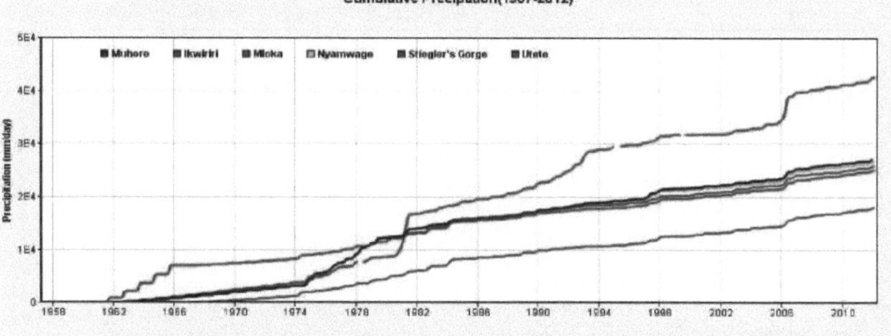

Figura 14. Precipitação acumulada para as novas estações meteorológicas criadas.

movimento do calor, fluxos de água e evaporação dentro e acima da superfície do solo e da atmosfera através de uma abordagem de base mecanicista e de um método semi-empírico. O método de base mecanicista é uma abordagem iterativa de balanço de energia (EBAL.SIM) que associa quatro grandes princípios de conservação de energia, balanço de massa, segunda lei termodinâmica e lei de Darcy para simular os fluxos de água e calor entre os compartimentos. Os parâmetros são os coeficientes nas equações, que ajudam a descrever as propriedades do sistema para os fluxos de água e calor, alguns dos quais são desenvolvidos para função empírica. A resistência aerodinâmica acima da superfície do solo *(r_{aa})*, dentro da superfície do solo *(r_{ss})* e acima da copa das plantas *(r_{ab})*, a condutividade do solo *(K_h)*, os fluxos de vapor no solo *(d_{vapb})*, a função de resistência da superfície do solo *(PsiRs)* e a pressão de vapor à superfície (e_{surf}). Os valores numéricos apresentados por estes parâmetros são utilizados para refletir as propriedades do solo, o crescimento da vegetação, os fluxos de água à superfície, os fluxos de calor do solo e os teores de humidade do solo. Os valores óptimos do parâmetro são alcançados através da realização de uma simulação simples e da alteração sistemática das variáveis de entrada das estimativas específicas do local ou dos valores da literatura estimados a partir de modelizações hidrológicas anteriores. O método semi-empírico é normalmente utilizado para simular a evaporação com base na equação de Penman Montheith (PM. SIM). O escoamento superficial da água é simulado através da entrada lateral, enquanto o vapor do solo no solo é simulado através da com-

Tabela 6. Correlação entre as variáveis climáticas das estações meteorológicas criadas na bacia do Baixo Rufiji

Estação do desfiladeiro de Stiegler										
Variáveis	Tem p (°C)	Humidade (°C)	Visibilidade (m)	Esperar (m/s)	MaxTemp (°C)	Mínimo (°C)	Precipitação (mm)	PET - M (mm/mês)	PET - P (mm/ mês "	PET - H **(mm/mês)**
Temp (°C)	1,00	0,56	0,04	0,29	0,81	0,75	0,01	0,80	0,84	0,85
Humidade (°C)		1,00	-0,14	-0,23	0,38	0,79	0,16	0,28	0,33	0,36
Visibilidade (m)			1,00	0,10	0,05	-0,14	-0,12	0,04	0,03	0,02
Velocidade do vento (m/s)				1,00	0,30	0,11	-0,09	0,66	0,60	0,55
MaxTemp (°C)					1,00	0,51	-0,01	0,81	0,83	0,84
Temperatura mínima (°C)						1,00	0,09	0,61	0,65	0,67
Precipitação (mm)							1,00	-0,03	-0,02	-0,02
PET - M (mm/mês)								1,00	1,00	0,99
PET - P (mm/mês)									1,00	1,00
PET - H (mm/mês)										1,00
Estação de Utete										
Temp (°C)	1,00	0,68	-0,03	0,33	0,74	0,74	-0,06	0,68	0,70	0,71
Humidade (°C)		1,00	-0,27	0,00	0,42	0,72	0,10	0,12	0,14	0,16
Visibilidade (m)			1,00	0,01	0,05	-0,25	-0,14	0,07	0,07	0,07
Velocidade do vento (m/s)				1,00	0,10	0,36	-0,11	0,54	0,48	0,43
MaxTemp (°C)					1,00	0,37	-0,08	0,71	0,74	0,76
Temperatura mínima (°C)						1,00	0,03	0,55	0,55	0,55
Precipitação (mm)							1,00	-0,12	-0,11	-0,11
PET - M (mm/mês)								1,00	1,00	0,99
PET - P (mm/mês)									1,00	1,00
PET - H (mm/mês)										1,00

ponentes. Os escoamentos de águas superficiais foram validados com medições de descargas observadas, que para este estudo foram medições de descargas digitalizadas para o LRB.

O SWAT é um modelo hidrológico contínuo e distribuído, muito útil para simular os impactos da utilização dos solos e da variabilidade climática numa grande bacia com uma gestão complexa da utilização dos solos. O modelo SWAT tem a vantagem de utilizar dados espaciais e hidrometeorológicos como factores de entrada. As componentes do balanço hídrico, que são simuladas pelo modelo SWAT, são o escoamento superficial das águas, o armazenamento das águas subterrâneas, o teor de humidade do solo, os fluxos de calor e o transporte de sedimentos. O SWAT requer várias etapas, e começa com a delimitação das bacias hidrográficas que, por sua vez, são divididas em unidades de resposta hidrológica (HRU). As HRUs são desenvolvidas numa distribuição de HRUs, que define as condições do balanço hídrico em cada sub-bacia, com base em classes específicas de uso do solo, tipo de solo e declive. A versão do Arc SWAT varia consoante o módulo ArcGIS. Este estudo aplicou a versão avançada do ArcSWAT10.1 como interface, que foi incorporada no ArcGIS 10. A estrutura do modelo SWAT envolve oito componentes, tais como clima, hidrologia, aptidão dos solos, crescimento das culturas, gestão das terras, encaminhamento dos sedimentos das albufeiras, simulação de nutrientes e pesticidas. O conjunto de dados meteorológicos de entrada pode antecipar a precipitação, a temperatura, a radiação solar, a velocidade do vento e a humidade relativa. O escoamento de água no modelo SWAT é simulado individualmente a partir de cada HRU e o escoamento superficial total é encaminhado como um somatório dos fluxos de água de cada unidade de resposta hidrológica (HRU). O uso do solo é sobreposto com as propriedades do solo e do declive através da criação da distribuição final das HRUs.

2.5 Vista concetual da vegetação

As vegetações são importantes para regular a quantidade de fluxos de água e de calor dentro e acima da superfície do solo. O coberto vegetal superficial cria resistência aerodinâmica, que influencia a partição dos fluxos de calor no interior e acima da superfície do solo, que regula os processos de escoamento das águas superficiais, fluxos de calor no solo, fluxos de água superficiais, disponibilidade de humidade no solo, fluxos de água subterrânea (q_w) e pressão térmica do vapor à superfície da terra (e_{surf}) e à atmosfera (e_a) (Fig. 14). Os elementos conceptuais mais importantes das plantas para controlar os componentes do balanço hídrico são o desenvolvimento radicular (profundidade, xilema radicular e densidade), o índice de área foliar, a arquitetura da copa das plantas (forma da copa, gotejamento da copa, altura e cobertura do solo da copa) e o albedo foliar. Para compreender os possíveis impactos do coberto vegetal nos fluxos de água e calor, é necessário investigar as propriedades do crescimento da vegetação com base na resistência aerodinâmica, na água de interceção, na transpiração e na evapotranspiração do solo.

2.5.1 Resistência aerodinâmica

As propriedades de crescimento da vegetação, como o índice de área foliar e a distribuição das raízes das plantas, são importantes para criar resistência aerodinâmica dentro da superfície do solo (r_{aa}), acima da copa das plantas (r_{ab}) e entre a superfície do solo e a copa das plantas (r_{aa}), que controlam a evapotranspiração do solo ou a seca do solo. A resistência aerodinâmica para o fluxo de calor latente e de vapor de água é controlada pelas propriedades de crescimento da vegetação e pela velocidade do vento, que descrevem o comprimento de rugosidade para a transferência de momento e de vapor. A resistência aerodinâmica criada afecta a partição da radiação solar líquida recebida, o escoamento das águas superficiais, o armazenamento das águas subterrâneas e os fluxos de calor e de vapor. A resistência aerodinâmica na superfície do solo é calculada no CoupModel e no modelo SWAT com soluções empíricas baseadas na disponibilidade de humidade do solo e na função da cabeça de pressão da água (pF) dos compartimentos do solo. O CoupModel utiliza duas funções empíricas separadas para estimar a resistência aerodinâmica superficial *(rss)* na equação de Penman-Monteith através de um ou três parâmetros de pressão de água *(PM-eq-RS(1Par) ou PM-eq-RS(3Par)*. A resistência aerodinâmica (ra) diminui com o aumento da velocidade do vento, da radiação de ondas curtas e da temperatura do ar. A vegetação sempre verde com um grande índice de área foliar, tal como a floresta de miombo, está localizada no sul da LRB e em algumas zonas próximas de Madaba e Utete. No período de verão, as florestas contribuem para a maior resistência aerodinâmica porque a resistência aerodinâmica da superfície é estimada em função do índice de área foliar (LAI) e do défice de pressão de vapor (*es-ea*). A resistência aerodinâmica da copa das plantas é tida em conta no modelo CoupModel e no modelo SWAT com o método do balanço energético. O modelo SWAT utiliza o coeficiente de rugosidade de Manning para estimar o comprimento de rugosidade da transferência de momentum, enquanto o modelo CoupModel utiliza a função de resistência aerodinâmica da superfície *(Zom)* entre a das plantas e a superfície do solo (Eqn.3). Os coeficientes de Manning exprimem a rugosidade da superfície e, neste caso, a vegetação verde é referida como superfície rugosa (0,15), o que influencia uma resistência aerodinâmica elevada em comparação com a terra nua (0,035), que é normalmente referida como lisa.

$$r_a = \frac{1}{k^2 u} In \frac{Z_{ref} - d}{Z_{om}} In \left(\frac{Z_{ref} - d}{Z_{OH}} \right) f R_{ib} \quad (3)$$

Em que *ra* é a resistência aerodinâmica, ZOH é o comprimento da rugosidade superficial na superfície do solo, *ZOM* é o comprimento da rugosidade superficial entre a superfície do solo e a copa das plantas, u é a velocidade do vento, *Zef* é a altura específica de referência, *K* é a constante de Von Karman, fis é a função de queda livre.

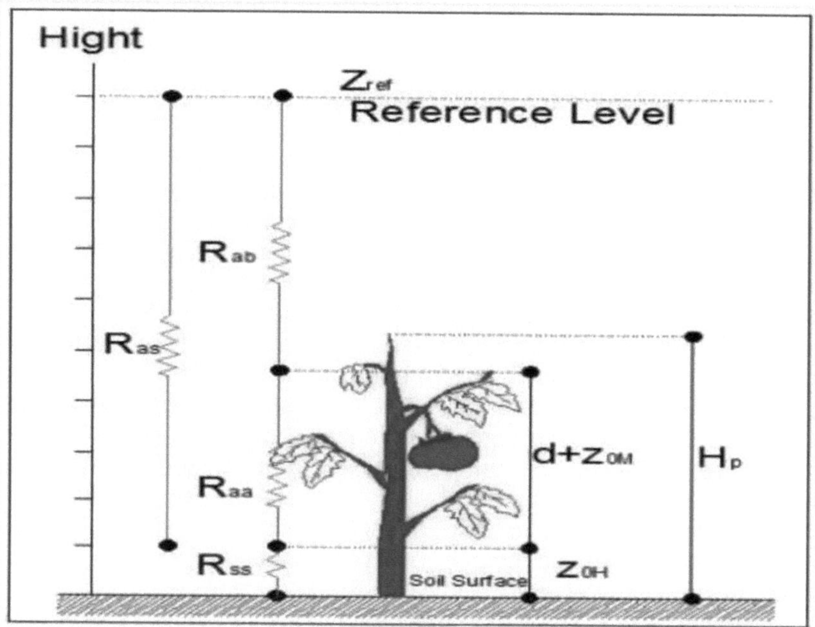

Figura 15. Vista concetual dos parâmetros da vegetação: Resistências aerodinâmicas abaixo da resistência da superfície do solo (rss), acima da resistência do dossel (rab), dentro da resistência do dossel (raa) e ras = rab + raa.

2.5.2 Evapotranspiração potencial

A evapotranspiração potencial (PET) é a medida da capacidade da atmosfera para remover o calor e o vapor de água da superfície do solo e da vegetação através da evaporação do armazenamento intercetado pela copa das plantas, da transpiração e da evaporação do solo. A taxa de evaporação potencial é calculada no modelo SWAT através de três equações empíricas, tais como a equação de Penman - Monteith, Priestley - Taylor e Hargreaves. Enquanto o CoupModel utiliza apenas a equação de Penman - Monteith (PM) para estimar a evapotranspiração potencial. Neitsch et al. (2011) salientou que a equação de Priestley-Taylor é o método que pode subestimar a evapotranspiração potencial nas regiões semi-áridas e áridas onde o excedente líquido de energia solar é elevado. O excedente de energia na equação PM é estimado pela diferença entre a radiação solar líquida (R_{ns}) e os fluxos de calor à superfície do solo (q_h) (Eqn.7). A altura da cobertura vegetal de referência razoável para estimar a evapotranspiração potencial no modelo SWAT situa-se entre 30 cm e 50 cm. A altura de referência é sempre definida a partir da paisagem com um coberto vegetal uniforme de absorção radicular de água constante, que está exposto a um efeito térmico de advecção mínimo. O maior efeito de calor de advecção é consistente na paisagem semi-árida devido ao excedente de energia. Geralmente, as taxas de transpiração são regidas pelas condições de humidade do solo, que são estimadas no modelo SWAT com base no nível limite de humidade do solo. Enquanto a transpiração no modelo CoupModel é regulada pela temperatura do solo. Isto significa que a temperatura do solo (solo congelado) reduz a cabeça de pressão do vapor de água entre a superfície de desenvolvimento da raiz e o xilema da raiz.

2.5.3 Evapotranspiração do solo

A evapotranspiração do solo refere-se à transferência de calor e de vapor de água da superfície do solo para a troposfera. O principal mecanismo de controlo da evapotranspiração do solo é a partição da radiação líquida por dispersão ou adsorção no dossel da vegetação, na superfície do solo e nas nuvens. A arquitetura do dossel vegetal acima da superfície do solo (r_{ab}) e a distribuição da densidade radicular no solo (r_{ss}) causam resistência aerodinâmica. A radiação líquida (R_n), que é dividida na superfície do solo, é equilibrada pela combinação de calor latente (L_vE_s), sensível[6] e fluxos de calor do solo (q_h). Os fluxos de calor sensível do coberto vegetal para a atmosfera variam com as alterações de temperatura entre as superfícies (T_s) e a atmosfera (T_a) e diminuem para o coberto vegetal denso. A magnitude concebível do calor latente e do calor sensível é significativamente afetada pelas condições hídricas do solo e pelas propriedades de condução e convecção da superfície recetora.

O modelo CoupModel e o modelo SWAT utilizam várias equações empíricas e iterativas de balanço energético para determinar a evaporação do solo: fluxos de calor e de vapor na superfície do solo. A evaporação do solo é efectuada no CoupModel utilizando a abordagem empírica baseada na equação de Penman-Monteith (4). A expressão de Penman-Monteith envolve vários parâmetros como a resistência aerodinâmica da superfície, a pressão do vapor de água e a radiação líquida. Estes parâmetros são estimados com componentes como a densidade das raízes (distribuição, comprimento), as condições de humidade do solo, a temperatura do ar e a pressão de vapor.

$$L_vE_s = \frac{\Delta(R_{ns} - q_h) + \rho_a C_p \frac{(e_s - e_a)}{r_{as}}}{\Delta + \gamma\left(1 + \frac{r_{ss}}{r_{as}}\right)} \qquad (4)$$

Onde, R_{ns} é a radiação líquida à superfície do solo, qh é um fluxo de calor do solo para diferentes tipos de solo, r_{ss} é a resistência aerodinâmica superficial na superfície do solo, r_{as} é a resistência aerodinâmica entre a superfície do solo e a altura de referência, e_s é a pressão de vapor à saturação na atmosfera, e_a é a pressão de vapor efectiva no ar, ρa é a densidade do ar, cp é o calor específico do ar a pressão constante, L_v é o calor latente de vaporização,é o declive da curva pressão de vapor saturado versus temperatura, γ é a "constante" do psicrómetro.

6 O calor sensível (Hs) é o calor transferido da superfície terrestre para a atmosfera por condução e convecção. O calor latente (LvEs) é a energia necessária para converter o líquido em vapor

A vizinhança da resistência aerodinâmica é apresentada principalmente em função dos fluxos de vento, da pressão do vapor de água e do comprimento de rugosidade das coberturas vegetais. A superfície nua do solo é normalmente afetada por fluxos de vento estáveis, ao passo que a superfície coberta por floresta densa gera de turbulência mais irregulares. As inscrições dos fluxos turbulentos levam a uma forte relação entre a rugosidade do momento e a quantidade correspondente de calor e vapor de água levantada da superfície do solo. A atividade de troca de calor e de vapor de água na superfície nua do solo é normalmente inferior à das florestas mais densas.

Os parâmetros predominantes para regular a rugosidade do momento e o gradiente de calor no solo no modelo CoupModel são *KBMinusOne* (KB^{-1}), *RoughBareSoilMom* (z_{om}), *PsiRs _ ip* ($r\psi$), *SoilCoverEvap* ($i_{scovevap}$), *MaxSurfExcess* (s_{excess}) e *RaIncreasewith LAI*. O *KBMinusOne* (KB^{-1}) controla a forma como o aumento da cobertura vegetal rugosa pode aumentar a transferência de calor do solo, enquanto *o Psirs_ip* ($r\psi$) é utilizado para modificar a relação entre a resistência real da rugosidade da superfície, a tensão da água no solo e o gradiente de humidade do solo. O *MaxSurfExcess* (s_{Excess}) é utilizado para determinar o valor ótimo da pressão de vapor do solo e da resistência da superfície do solo. O parâmetro *turtosity* é normalmente utilizado para regular os fluxos de vapor de água nas condições do solo, enquanto o *Mini- mumCondValue* é utilizado para controlar a condutividade hidráulica das condições do solo.

2.5.4 Vegetação Tomadas de água

A absorção de água pela vegetação foi considerada igual à transpiração e calculada no SWAT e no CoupModel como uma função da água necessária para a transpiração (E_t) e da água do solo (*SW*). A magnitude da absorção de água foi modificada de acordo com a distribuição da densidade radicular e as condições de humidade do solo. Normalmente, a quantidade de absorção de água pelas plantas diminui com a profundidade das raízes a partir da superfície do solo e estima-se que mais de 50% da absorção de água pelas plantas, dependendo das condições do solo, pode ocorrer na camada superior do solo em comparação com a camada inferior. Isto deve-se ao facto de a distribuição da densidade das raízes das plantas ser sempre mais elevada na camada limite superior do solo do que na camada inferior e de a quantidade diminuir com a profundidade do solo (Neitsch et al, 2011). O modelo SWAT calcula a absorção potencial de água pelas plantas desde a superfície do solo até à profundidade específica da raiz da planta, modificando o parâmetro de distribuição do uso da água (β_w), a transpiração máxima (E_t) e a profundidade da raiz (z_{root}) (Eqn.5). A absorção potencial de água para qualquer perfil de solo é obtida pelas diferenças de absorção de água pelas plantas entre as condições de limite inferior e superior do solo. A evapotranspiração real é modificada pelo limiar do défice de pressão de vapor, que regula a condutância foliar óptima (Eqn.5). O CoupModel estima os consumos potenciais de água regulando os parâmetros que controlam a cabeça de pressão e as condições de água do solo.

Os parâmetros mais influentes investigados para melhorar o consumo potencial de água das plantas são o *CritThresholDry, o AirRedCoef* e a cabeça de pressão (pF).

O parâmetro *CritThresholDry* representa uma redução crítica da pressão de cabeça do potencial de absorção de água que é utilizada para regular o grau de evapotranspiração exigido em função da distribuição da densidade radicular das plantas e das condições do solo.

$$L_v E_s = \frac{\Delta(R_{ns} - q_h) + \rho_a C_p \frac{(e_s - e_a)}{r_{as}}}{\Delta + \gamma\left(1 + \frac{r_{ss}}{r_{as}}\right)} \qquad (4)$$

Normalmente, o *CritThresholdDry* é mais significativo num solo argiloso do que num solo arenoso. O coeficiente *AirRedCoef* regula as taxas de resistência para a absorção de água pelas plantas em relação ao défice de oxigénio no solo. O défice máximo de oxigénio no solo ocorre durante as condições de saturação do solo, quando o teor de água no solo excede o teor de humidade real do solo. Até agora, para melhorar a absorção de água pelas raízes, recomenda-se razoavelmente o valor mais baixo de *AirRedCoef*. Do mesmo modo, o SWAT calcula a absorção de água com base na resistência da copa das árvores, que é considerada mais elevada quando existe uma baixa concentração de CO_2 na superfície da copa das plantas. Isto deve-se ao facto de a elevada concentração de CO_2 na folha da planta limitar a condutância da folha. Entretanto, a função mais influente das condições do solo para regular a condutividade hidrostática entre a superfície da raiz e o tecido do xilema é a cabeça de pressão da água (pF).

O consumo de água da raiz suficiente para o crescimento da planta é alcançado quando existe uma maior pressão de cabeça (pF) na superfície da raiz do que no tecido do xilema da raiz. As maiores pressões de absorção são atingidas quando o teor de água no solo é elevado e aumenta até atingir o equilíbrio, quando a pressão de água é semelhante à evapotranspiração potencial. No equilíbrio, a água começa a fluir lateralmente e diminui mais tarde na estação quente *(Kiangazi*) quando o teor de água no solo é drasticamente reduzido. A simulação dos consumos de água em ambos os modelos é realizada assumindo que o consumo de água é semelhante à evapotranspiração real e pode ser simulado por variáveis meteorológicas de entrada como a radiação solar líquida, a temperatura do ar, a humidade relativa e a velocidade do vento. A evapotranspiração real determina a quantidade real de água que é removida da superfície do solo. A diferença entre a evapotranspiração potencial e a evapotranspiração real é utilizada para representar a quantidade de água necessária para o crescimento da vegetação. As condições do solo para camadas múltiplas e camadas simples foram utilizadas para avaliar os seus impactos na absorção de água e na evapotranspiração. A monocamada do solo, tal como o solo argiloso, é considerada de menor infiltração em comparação com o solo arenoso. No perfil de solo multicamada, o consumo total efetivo de água foi estimado como a soma das taxas de consumo individual das plantas vezes a espessura da camada de solo. O fluxo de calor do solo refere-se ao armazenamento e à transferência de calor, que é estimado nos modelos através de várias soluções analíticas como a combinação de condução e convecção do método do balanço de energia.

2.6 Fluxo de calor do solo (q_h)

O modelo CoupModel utiliza várias soluções analíticas para a condução de calor para calcular os fluxos de calor no solo em compartimentos do solo como condições de fronteira superior (aquífero superficial) e inferior (aquífero profundo). O modelo SWAT simula os fluxos de calor diários das medições observadas durante mais de um mês. Isto deve-se ao facto de as medições dos fluxos diários de calor no solo de menos de um mês numa superfície coberta de vegetação serem consideradas nulas no modelo SWAT. O fluxo de calor do solo numa superfície coberta de vegetação é menor do que numa superfície de terra nua. Os principais componentes que influenciam o controlo do fluxo de calor no solo são a condutividade térmica (K_h) e os fluxos de vapor. A magnitude da condutividade térmica do solo no modelo CoupModel e no modelo SWAT é modificada pelo teor de água, pelo teor orgânico e pelas condições iniciais do solo, tais como a temperatura inicial do solo e o nível das águas subterrâneas. Normalmente, a condutividade térmica do solo aumenta com a profundidade do solo e diminui inversamente para solos não congelados e solos com elevado teor orgânico. O solo rico em argila orgânica na camada superior do solo e não congelado tem condutividades térmicas mais baixas em comparação com o solo mineralizado e mais húmido. Isto significa que o solo congelado e o solo mineral têm maior condutividade térmica. Para o estudo de caso LRB, os principais parâmetros que foram investigados como potenciais para estimar os fluxos de calor do solo são o Fluxo Geotérmico e a Constante SoilInitTemp. O parâmetro *Fluxo Geotérmico* quantifica os fluxos de calor no aquífero profundo do solo e SoilInitTemp estima a temperatura inicial do solo que, neste estudo, foi considerada constante em todos os compartimentos do solo.

Os fluxos de calor no solo profundo são estimados por condução, assumindo os valores da amplitude da temperatura do ar (T_{aamp}) e da temperatura média do ar (T_{amean}). O influxo de calor por convecção é considerado na simulação dos fluxos de calor no solo durante os elevados caudais de água transportados pela precipitação através de quedas de água. Por exemplo, os fluxos de calor do solo nos materiais or- gânicos do CoupModel são estimados com a equação 6, que é controlada pela condutividade do material do solo.

$$q_h(s) = k_{ho}\left(\frac{T_s - T_l}{\Delta Z/_2}\right) + C_w(T_a - \Delta T_{pa})q_{in} + L_v q_{vs} \quad (6)$$

Onde q_{hs} é a condutividade do solo, T_s é a temperatura da superfície, T_l é a temperatura na camada superior do solo, $_{as}$ é a temperatura do ar, ΔT_{pa} é um parâmetro que representa a diferença de temperatura entre o ar e a precipitação, q_{in} é a taxa de infiltração de água, L_v é o calor latente e q_{vs} o fluxo de vapor de água.

2.7 Teor de humidade do solo

O teor de humidade do solo é um fator que define a produtividade do solo e da água para o desenvolvimento agrícola. O solo saturado ocorre quando o teor de humidade do solo é elevado e o solo não saturado ocorre quando o teor de humidade do solo é inferior à capacidade de campo do solo. É maioritariamente quantificado pela capacidade de água do solo na camada superior do solo. A seca crítica do solo ocorre quando o teor relativo de humidade do solo é inferior a 90 % da água do solo. Existem vários parâmetros que determinam o teor de humidade do solo com base nas condições iniciais do solo, na escala de adsorção das superfícies do solo, nos fluxos de água de passagem e nos fluxos de vapor no perfil do solo. As condições iniciais da água e a cabeça de pressão definem principalmente as condições iniciais do solo, enquanto a capacidade de absorção do solo é controlada pela condutividade dos tipos de solo. O CoupModel calcula a humidade do solo em função da pressão, do conteúdo de água ou dos fluxos de vapor. Os fluxos de vapor são determinados como o rácio do gradiente de pressão de vapor e o coeficiente de difusão entre as condições superiores e inferiores do solo. O parâmetro mais influente para governar o fluxo de vapor do solo é o d_{vap}, que define a taxa de difusão (Eqn.7).

$$q_{v,s} = -d_{vapb} f_a D_o(T) \frac{C_{v1} - C_{vs}}{\Delta Z/_2} \quad (7)$$

Em que D_o é o coeficiente de difusão no ar livre, f_a é a fração de poros preenchidos com ar. Cv é a concentração de pressão de vapor e ΔZ é a mudança na elevação do divisor de águas subterrâneas. No modelo SWAT, os teores de humidade foram estimados através do ajuste dos números das curvas, tendo em conta a classificação do declive do DEM. As condições de humidade foram determinadas em função do uso do solo e da capacidade de infiltração do solo. A capacidade de infiltração do solo foi considerada como a diferença entre a profundidade da precipitação e os excessos de precipitação acumulados. Para o caso de Rufiji, foram geradas três classificações de declive, incluindo condições de humidade seca (acima de 5 % de declive), humidade média (igual a 5 % de declive) e condições saturadas (terras baixas abaixo de 5 % de declive). A condição de humidade seca é representada pelo número de curva mais baixo, calculado pela equação 8.

$$CN_{adj} = \left[\frac{CN_3 - CN_2}{3}\right]\left[1 - 2 * exp^{(-13{,}86\Delta S)}\right] + CN_2 \qquad (8)$$

Em que CN_{adj} é a condição de humidade para um declive ajustado superior a 5 % eé o declive médio da bacia hidrográfica. CNβ e CNγ representam as condições de humidade média e saturada.

2.8 Radiação solar líquida diária

A LRB é uma das regiões que regista excedentes de energia solar. Isto deve-se ao facto de estar localizada na latitude mais baixa (0 - 35^0), onde a sua condição climática é descrita por possuir uma radiação solar líquida de entrada superior à radiação de saída. A intensidade da radiação global recebida nesta área é prescrita em função da nebulosidade e das amplitudes. A amplitude refere-se à diferença entre a temperatura máxima e a temperatura mínima. A intensidade da radiação solar reflectida, nomeadamente *o albedo* planetário, é crítica nas superfícies com défice de humidade, com baixo fluxo de vento e atmosfera com elevada nebulosidade. Isto implica que o solo mais seco reflecte mais temperaturas quentes do ar, variando entre (22 - 33 %) do que os solos escuros e húmidos (5 - 15 %). Entretanto, o coberto florestal transmite menos radiação (5 - 14 %) em comparação com as terras de cultivo (16 - 24 %), o que implica que o coberto florestal reduz a evapotranspiração. O excedente de energia é normalmente transferido da baixa latitude para a alta latitude por advecção, que é normalmente persuadida pela circulação atmosférica e oceânica. Existem vários métodos numéricos de balanço de energia, que são utilizados para estimar a radiação solar líquida à superfície. O modelo SWAT estima a radiação líquida de ondas curtas em função do albedo húmido do solo (a_r,), do coeficiente de reflexão dos tipos de solo e do coberto vegetal (Eqn. 9). No entanto, a intensidade é afetada pela nebulosidade, pelas alterações da temperatura média do ar e pelas diferenças de emitância (ε) entre a atmosfera e o coberto vegetal. O CoupModel determinou a radiação diária de ondas curtas em função da latitude, do ângulo da fração de Angstrom (*RadFractAng)* e da função de albedo do solo nu, que é calculada com base no vapor de água

e é mais baixa em solo húmido do que em solo seco. O modelo SWAT calcula a radiação solar através de uma variável de radiação solar medida diretamente ou gerada a partir de variáveis meteorológicas, como a temperatura mínima e máxima diária do ar, o albedo do solo húmido, a pressão de vapor, a radiação global diária e a duração relativa do sol.

$$\boldsymbol{R_{snet} = [1 - a_r]R_{is}} \qquad (9)$$

Onde, R_{is} é a radiação solar global recebida e a_r é o al-bedo húmido do solo. Basicamente, os cálculos da radiação solar líquida diária total (T_t) são calculados com a equação de Bristow (B) e Campbel (C) de 1984, maioritariamente considerada como equação B&C. A equação de B&C determina a transmitância diária total instantânea com três coeficientes empíricos, A, B e C.

O coeficiente (A) é um coeficiente funcional proeminente para representar a temperatura máxima (T_t) numa atmosfera clara, sendo o seu valor influenciado pela turbidez e pela elevação do local. Os coeficientes B e C foram utilizados para regular as alterações da radiação solar de transmissão diária em subconjunto proporcional à alteração diurna da temperatura do ar entre a temperatura máxima e a temperatura mínima (ΔT). Thornton e Running (1999) investigaram a influência da elevação do local *(z)*, do ângulo zenital *(θ)* e da pressão do vapor de água *(e)* na equação B&C para estimar os coeficientes B e C (Eqn.10).

$$\boldsymbol{T_t = T_{t,max}(1 - exp(-B.\Delta T^c)} \qquad \mathbf{(10)}$$

Thornton e Running assumiram que o coeficiente A numa equação de Bristow e Campbell é equivalente à transmitância total diária máxima ($T_{t,max}$) de um determinado dia numa atmosfera clara. Nesta investigação, Thornton e Running aplicaram duas abordagens para estimar os coeficientes B e C. Em primeiro lugar, utilizaram um ajuste numérico de curva decrescente exponencial para estimar o coeficiente ótimo B & C, que deriva em três parâmetros influentes b_0, b1 e b2 para o coeficiente B (Eqn.11). Em segundo lugar, a expressão funcional mais comum para definir os valores mínimos de ($T_{f,max}$) que melhoram a estimativa dos parâmetros B e C (Eqn.11). De facto, o $T_{f,max}$ explica o rácio entre a transmitância total diária (T_t) e a transmitância máxima diária ($T_{t,max}$).

$$T_{f,max} = (1 - 0{,}9 * exp(-B.\Delta T^c) \qquad (11)$$

Numa segunda abordagem, B foi representado como uma função decrescente da média do subconjunto de temperaturas diurnas$\Delta\bar{T}$ (Eqn.12).

$$B = b_o + b_1.exp(-b_2.\overline{\Delta T}) \qquad (12)$$

O parâmetro de albedo para as planícies de inundação LRB foi assumido como solos puramente húmidos com albedo de 15%.

2.9 Escoamentos de águas superficiais

O escoamento superficial das águas é responsável pelo fluxo de água sobre a superfície de terrenos com diferentes tipos de utilização, declive, gestão e solo. A velocidade do escoamento superficial da água é impulsionada pela energia hidráulica potencial dos canais de vapor de águas íngremes para as terras baixas e reduzida pelo coberto vegetal que cria resistência ao escoamento superficial. Ocorre normalmente quando o excesso de precipitação é maior do que as captações iniciais de água provenientes da interceção, infiltração e evapotranspiração potencial. Os métodos utilizados para estimar o escoamento superficial das águas incluem a fórmula de desagregação (IUCN, 2009). Os procedimentos de Chow (Chow, 1959), o método de infiltração (Green e Ampt, 1911) e a abordagem do número da curva do USDA-Soil and Conservation Service (SCS) (USDA, 1972). Este estudo selecionou o método do número da curva do USDA - SCS para estimar o escoamento superficial diário no modelo SWAT. Esta decisão é influenciada pelos resultados satisfatórios do método do número da curva apresentados por (Be-trie et al, 2011; Setegn et al, 2008) na simulação dos fluxos de água na estação fluvial de El Diem e Gilgel Abay na bacia do Nilo Azul. O armazenamento de encaminhamento da água (S) na equação 13 é estimado com base no parâmetro do número de curvas, que é elevado em terras agrícolas em pousio (CN = 77 %), pastagens e (CN = 68 %) e baixo para a cobertura florestal (CN = 48 %).

Tabela 7. Sensibilidade dos parâmetros no modelo SWAT.

Escolha de variável	Parâmetro	Descrição	Valor anterior	Valor do parâmetro ajustado	Valor máximo	Unidade	Equação
Escoamentos de águas superficiais	CN2	Humidade do solo Condição II Número da curva	-0.25	0.85	0.25	-	-
	ALPHA_BF	Fator alfa do caudal de base	0	0.1	1	-	-
	CNCOEF	Coeficiente de ponderação aplicado para calcular a retenção de água num número de curva diária em função da evapotranspiração da planta	0	0.8	1		
	OV_N	Rugosidade de Manning para os caudais de escoamento superficial num terreno de cultivo	0	0.04	0.1	menos uma unidade	-
	HRU_SLP	Declive médio da planície de inundação	1	46	93	m/m	
	SURLAG	Escoamentos superficiais coeficiente de desfasamento para reter mais água no solo	0	0.45	1	menos uma unidade	16
Águas subterrâneas Caudais	RCHRG_DP	Percolação profunda para recarga de águas subterrâneas	0	0.98	1	mmd^-	
	GW_REVAP	Coeficiente de revap das águas subterrâneas	-0.03	0.01	0.05	"	
	GWQMN	Limiar Profundidade da água no aquífero superficial	0	170	500	mm	
	SOL_K	Condutividade hidráulica da camada não saturada do solo	-0.2	0.9	1	mmd^{-1}	
	CH_K2	Condutividades hidráulicas do canal	0	10	10	mmd^{-1}	
	REVAPMN	Profundidade limite da água no aquífero superficial	0	280	500	mm	
	GW_DELAY	Coeficiente de atraso das águas subterrâneas	20	250	500	-	
Fluxos de água no solo	SOL_AWC	Quantidade máxima de capacidade de água disponível no solo	-0.25	0.30	0.25	(%)	-
Evaporação do solo	ESCO.hru	Fator de compensação da evaporação do solo	0	0.8	1	-	

O número da curva SCS é a função que define a resistência à rugosidade da superfície do solo contra os fluxos de água superficiais com base na ocupação do solo, permeabilidade do solo, utilizações do solo e condições hídricas anteriores do solo.

$$Q_{runoff} = \left[\frac{(P_{daily} - 0.2S)^2}{(P_{daily} + 0.8S)}\right] \quad (13)$$

Onde; Q_{surf} (mm) é o escoamento acumulado de água, P_{daily} é a pré-precipitação diária (mm) e S é um encaminhamento de armazenamento de água (mm) que é combinado com o modelo de fluxo de fissuras. O número de curva mais elevado representa um escoamento superficial elevado, enquanto o valor mais baixo de CN se refere a um escoamento superficial baixo ou a um estado seco (Eqn.14).

$$S = 25.4\left[\frac{100}{CN} - 10\right] \quad (14)$$

A quantidade excedida de armazenamento do escoamento superficial, que contribui para os caudais principais do rio (Qsurf), é regida pelo coeficiente de desfasamento do escoamento superficial (*surlag)*. A expressão no último parêntesis apresenta a quantidade descarregada de escoamentos superficiais para o rio e o armazenamento de água superficial mais elevado é obtido com o valor mais baixo *do desfasamento do surf* (Eqn.15).

$$Q_{surf} = \left[Q_{surf}' + Q_{stor,i-1}\right] * \left[1 - exp\left(\frac{-surlag}{t_{conc}}\right)\right] (15)$$

O CoupModel contabiliza o escoamento superficial através do interrutor Lateral Input e calcula-o como uma equação de primeira ordem, dependendo da taxa de condutividade do solo (q_{in}) e da função de cobertura do solo à superfície (f_{cspool}). A taxa de condutividade do solo é determinada em função da capacidade de infiltração do solo (i_{cap}), que se supõe ocorrer nas camadas superiores mais saturadas com um gradiente de pressão nulo, com base na lei de Darcy. Os parâmetros mais utilizados para estimar o escoamento de águas superficiais são o Soil Cover (i_{scover}), o SurfCoef (a_{surf}), o SurfPoolInit (w_{pool}) e o SurfPoolMax (W_{pMax}). O coeficiente de superfície ($a_{surf.}$) controla o grau de escoamento de águas superficiais do reservatório de superfície que excede a capacidade residual de armazenamento de águas superficiais. A cobertura do solo é normalmente referida como a barreira física que aumenta o superficial e reduz a infiltração do solo. A cobertura do solo reduz os fluxos de calor do solo, reduzindo assim a evaporação do solo. Ao mesmo tempo, a cobertura do solo é utilizada para controlar a extensão da água infiltrada a partir dos fluxos de gotejamento da copa, da pré-precipitação e das quedas. No entanto, o escoamento superficial da água ocorre sempre que a quantidade total de água no reservatório de água (W_{pool}) é maior do que a água máxima armazenada (W_{pmax}) na superfície do solo sem levar ao escoamento superficial (Eqn.16). O grau de escoamento superficial do solo difere com a cobertura da superfície do solo, que é principalmente baseada no índice de área foliar.

$$Q_{surf} = a_{surf}(W_{pool} - w_{pmax}) \quad (16)$$

A otimização da infiltração de água subterrânea exigiu um valor mais baixo de cobertura do solo (*iscover* = 0) e um escoamento superficial elevado. A acumulação elevada de água na albufeira para a produção de energia hidroelétrica exigiu um valor elevado da cobertura do solo, próximo de 1. No entanto, vários factores devem ser tidos em conta para otimizar o escoamento superficial das águas, como a estrutura do solo, a compactação do solo, a saturação da água, o coberto vegetal de outros materiais (espécies de gramíneas e árvores) e a transmitância das radiações solares. Os efeitos da cobertura do solo no aumento do escoamento superficial são bem descritos pelo coeficiente de rugosidade de Manning

Tabela 8. Sensibilidade dos parâmetros no modelo CoupModel.

Variable Choice	Parameter	Description	Prior value	Fitted Parameter Value	Max Value	Unit	Equation
Surface Water Runoffs	Soil Cover	Fractional soil cover for high surface water runoffs, evaporation	0	0,9	1	-	-
	SurfPoolInt	Initial Water Content in the Surface Pool	0	0,8	100000	mm	(29)
	SurfPoolMax	Maximum stored amount of water without leading to surface runoffs	0	20	100	mm	(29)
	SurfCoef	Surface runoffs coefficient from the exceeding soil water storage	0,8	0,8	1000	mmd^{-1}	(29)
Drainage and Deep percolation	GWSource layer	Saturated layer for groundwater flow	3	20	100	"	
	GWSourceflow	Flow rates for groundwater source	0	95	100	mmd^{-1}	
	DrainlevellowerB	Depth for calculating the Percolation to Deep Aquifer		10			
Water Uptake	CritThresholdDry	Threshold dry condition for increasing potential water uptake	400	9800	10000	cm	
	DemandRelCoef	Reduction water uptake coefficient	0,3	0,1	20	d^{-1}.	
	NonDemandRel Coef	Non water uptake reduction coefficient	0,1	0,01	30	$Kgm^{-2}d^{-1}$	
	TempCoefA	Temperature coefficient in unsaturated zone	0,1	0,85	20	-	
Global Radiations	AlbedoDry	Albedo fraction settled for cropland	10	24	80	%	(16)
	AlbedoWet	Albedo fraction settled for wet soil in the floodplains	15	14	80	%	(16)
	Bristow_B	Bristow Campbell function for measuring sky turbidity	0,01	0,2	0,2	-	(11)
	Bristow_C	Bristow Campbell function for measuring sky turbidity	0	1,5	1	-	(11)
	AlbedoKEXP	Albedo fraction values for shift from wet to dry soils.	0,1	4	4	-	
	AlbedoWet	Albedo fraction values for clay soil	15	14	80	%	(16)
	AlbedoDry	Albedo fraction values for sand soil	15	33	80	%	(16)
	SolarTime Adjustment	Equivalent sunshine duration period	15	90	80	min	
	RadFracAng	Angström Coefficient for estimating global radiation in the cloudiness	0,15	0,26	0,3	-	-
Soil Water Flows	DvapTortuosity	Fractional soil cover for estimating infiltrated soil water	0,01	0,66	4	-	
	SPMax cover	Degree of pounded soil cover	0	0,9	1	-	
	SurfPoolInit	Initial water content in surface pool	0	0,8	1E+5	mm	-
	SurfPoolMax	Maximum surface pool	0	90	100	mm	
	SurfCoef	Surface runoffs rate coefficient	0	0,8	1E+5	-	-
Soil Evaporation	RoughLBareSoil Mom	Surface aerodynamic resistance function	2	0,001	5	m	(22)
	PsiRs_1P	Coefficient for soil surface resistance	200	9200	10000	-	(22)
	MaxSurfExcess	Maximum value for estimating surface resistance and vapour pressure on the soil	1	0,3	3	mm	
	MaxSurfDeficit	Maximum surface water deficit function	1	2	3	mm	-

Os valores de eficiência energética são baixos para pastagens abertas (0,035), terras de cultivo (0,040), florestas de mangue (0,050) e bosques de miombo (0,10) (Chow, 1959).

2.10 Configuração e calibração do modelo

A configuração do CoupModel começou com a definição da data de simulação, início (1957 - 04 - 01) e data final (2012 - 03 - 31). O número de execuções foi ajustado para 1200 e o número de iterações por dia foi definido para 48. O número mais elevado de execuções da simulação demorou mais tempo, mas ofereceu o melhor desempenho de previsão para resultados variáveis e menor incerteza do modelo. Para poupar tempo de simulação, o número de execuções do modelo foi reajustado para 11. O período de resolução de entrada foi selecionado como "valor médio diário" para corresponder aos dados de entrada.

Foram consideradas quatro funções objectivas principais durante a simulação das componentes do balanço hídrico. A opção da equação da água *"WaterEq"* foi definida para "uma com perfil completo do solo", enquanto a função de evaporação foi selecionada para "*estilo de entrada simples*" e o tipo de planta foi ajustado para "*valor implícito de folha grande*". Os valores dos parâmetros foram modificados nas folhas de parâmetros e cada valor individual dos parâmetros foi relacionado com os módulos. Os parâmetros sensíveis para melhorar as componentes de saída do balanço hídrico foram selecionados durante a simulação de uma única execução e alguns foram desenvolvidos a partir da aplicação anterior do modelo, principalmente a partir de Karlberg, (2007). Através da sua abordagem, foi bastante fácil traçar a influência do valor do parâmetro. Os procedimentos gerais para fazer a simulação no CoupModel são resumidos da seguinte forma: primeiro, criar um novo documento; segundo, selecionar os parâmetros utilizados para as várias execuções. Nas segundas etapas, os parâmetros foram definidos para valores mínimos e máximos de acordo com as recomendações de estudos anteriores, diretrizes e evidências científicas. Em terceiro lugar, ajustam-se os métodos de calibração nas folhas de multi-execução e executam-se múltiplas simulações. O período de calibração é também ajustado com base na escala temporal dos dados de validação. Finalmente, os resultados da simulação foram comparados com as variáveis medidas. A calibração no CoupModel foi efectuada utilizando a calibração Bayesiana formal (BC) e a abordagem informal sistemática (GLUE). O método GLUE corresponde a alterações lineares estocásticas e o método Bayesiano refere-se à calibração Bayesiana. Os resultados da simulação visualizados na folha de variáveis de saída foram comparados com as variáveis medidas observadas.

A diferença entre as variáveis medidas e as variáveis simuladas foi utilizada para definir o grau de incerteza "*equifinalidade*". Os índices de desempenho da simulação e o desempenho posterior foram observados na folha de avaliação (Fig. 23). A simulação para a temperatura da superfície do solo foi realizada utilizando o Balanço de Energia Explícito (EBAL) e a Equação de Penman - Monti- teith (PM) foi aplicada para simular a evaporação do solo. A simulação EBAL é uma abordagem mecanicista, que é derivada da lei da conservação da energia conforme a equação do balanço de energia (1).

Sim inclui vários parâmetros de acordo com as variáveis de entrada, que podem ser alteradas no sistema. A entrada de radiação global (RadGlobInput) é simulada pela nebulosidade ou duração do sol brilhante. Os escoamentos fluviais medidos para o desfiladeiro de Stiegler antes e depois do represamento da barragem de Kidatu foram comparados com os resultados simulados durante o processo de validação. O Arc SWAT simulou a distribuição das HRUs da bacia hidrográfica após a reclassificação da sobreposição das HRUs de uso da terra, camada de solo e declive, parametrização e sensibilização, calibração e validação das performances do modelo. Os principais dados espaciais de entrada foram a carta de solos, o modelo digital de elevação (DEM) e a carta de utilização dos solos, bem como as tabelas dBase que continham dados hidroclimatológicos. Antes da simulação, os conjuntos de dados espaciais foram projectados utilizando o método de projeção normalizado, nomeadamente a projeção cónica de área igual de África Albers, que apresenta as menores distorções cartográficas em relação à realidade vizinha. Os dados relativos ao solo e à utilização das terras foram convertidos em ficheiros de forma e posteriormente reclassificados utilizando a tabela de valores atribuídos à ocupação das terras. O DEM utilizado para delinear as redes de drenagem das bacias hidrográficas e a base de dados dos pontos de saída das sub-bacias hidrográficas foram adicionados às estações meteorológicas criadas para registos de dados hidroclimatológicos medidos e simulados. Os sumidouros do DEM foram preenchidos no processo de modo a calcular a direção do fluxo da rede e a acumulação de água. No CoupModel as calibrações foram efectuadas através de abordagens informais sistemáticas (GLUE) e abordagens formais de Calibração Bayesiana (BC). As investigações para cada parâme- tro de resposta foram avaliadas durante a simulação de uma única corrida, a partir da qual foram estabelecidas as condições de fronteira para o melhor valor ajustado (Tabela 10). A validação no EBAL foi continuada através do ajuste de interruptores na estrutura do CoupModel. Os interruptores como a evaporação foram definidos com o estilo de entrada de radiação, a equação da água foi definida com o perfil completo do solo para a equação da água e com a equação do calor e vegetações.

2.10.1 Simulação de componentes do balanço hídrico

O balanço hídrico é definido principalmente como a quantidade de água da precipitação, que é distribuída na superfície terrestre. Matematicamente, o balanço hídrico é calculado como a diferença entre a precipitação diária e a soma das perdas de água através do escoamento superficial, da evapotranspiração potencial e da descarga das infiltrações e recargas das águas subterrâneas superficiais, ou seja, é a diferença entre o total de entradas e saídas de água. Os processos de balanço hídrico são descritos no ciclo hidrológico. As taxas de distribuição do escoamento da água da precipitação variam consoante os usos do solo e os balanços energéticos. A equação 17 representa as várias componentes da água, como a precipitação diária, o conteúdo de água no solo (SW_t), os fluxos de retorno das águas subterrâneas (Q_{gw}), o escoamento superficial (Q_{runoff}), a percolação diária da água (Q_{pec}) e a evapotranspiração potencial (PET_i).

$$SW_t = SW_0 + \sum_{t=1}^{t}(P_i - Q_{runof} - PET_i - Q_{pec} - Q_{gw}) \quad (17)$$

Cada componente foi calculada utilizando o método apropriado, tal como descrito nas secções seguintes. A percolação diária de água no solo (Q_{pec}, m3/s) no perfil de óleo da camada não saturada para a saturada (0,1 m - 1 m) foi por utilizando as técnicas de encaminhamento do armazenamento. O escoamento superficial da água foi calculado utilizando a equação do número da curva descrita pelos serviços de conservação do solo do USDA.

2.11 Método da sensibilidade dos parâmetros

Um total de cerca de 27 parâmetros foram selecionados no CoupModel para investigar a sua sensibilidade para escoamentos de águas superficiais, fluxos e percolação de águas subterrâneas, absorção de água pelas plantas, radiações solares globais, fluxos de água no solo e evapotranspiração do solo. Como já foi indicado anteriormente, os valores dos parâmetros ajustados foram obtidos através da avaliação da incerteza comportamental das variáveis simuladas em relação às medições observadas. A condicionalidade de decidir as condições de fronteira iniciais e máximas foi alcançada comparando as incertezas de calibração entre os resultados medidos e simulados. O valor dos parâmetros de melhor ajuste foi anotado na distribuição final dos parâmetros da função de densidade de probabilidade posterior que foi calculada com um intervalo de confiança (IC) de 99%. O desempenho comportamental dos valores dos parâmetros mais bem ajustados depende da combinação de factores como pesos vectoriais e tipos de funções objetivo, número de variáveis observadas, número de execuções e número de variáveis utilizadas nas funções objetivo (Abbaspour, 2012). Mais importante ainda, os parâmetros fiáveis e de melhor ajuste devem estar dentro do intervalo de confiança. A estimativa mais complicada das incertezas do parâmetro de melhor ajuste é experimentada durante o maior número de execuções; no entanto, denota a menor distribuição de incertezas do parâmetro. Por conseguinte, foram selecionados no modelo SWAT os βγ dos diferentes parâmetros para o escoamento das águas superficiais, os fluxos de águas subterrâneas, a evaporação do solo e os fluxos de água no solo. Alguns dos parâmetros influentes e os respectivos valores dos parâmetros ajustados são apresentados no Quadro 10. Propositadamente, as condutividades hidráulicas do solo para o aquífero superficial foram alteradas para o valor mais elevado (0,9), a fim de compreender o valor ótimo de armazenamento das águas subterrâneas. Ao mesmo tempo, o coeficiente de atraso das águas subterrâneas foi ajustado para um valor elevado pela mesma razão de assegurar a máxima disponibilidade de água subterrânea e humidade para o desenvolvimento da agricultura.

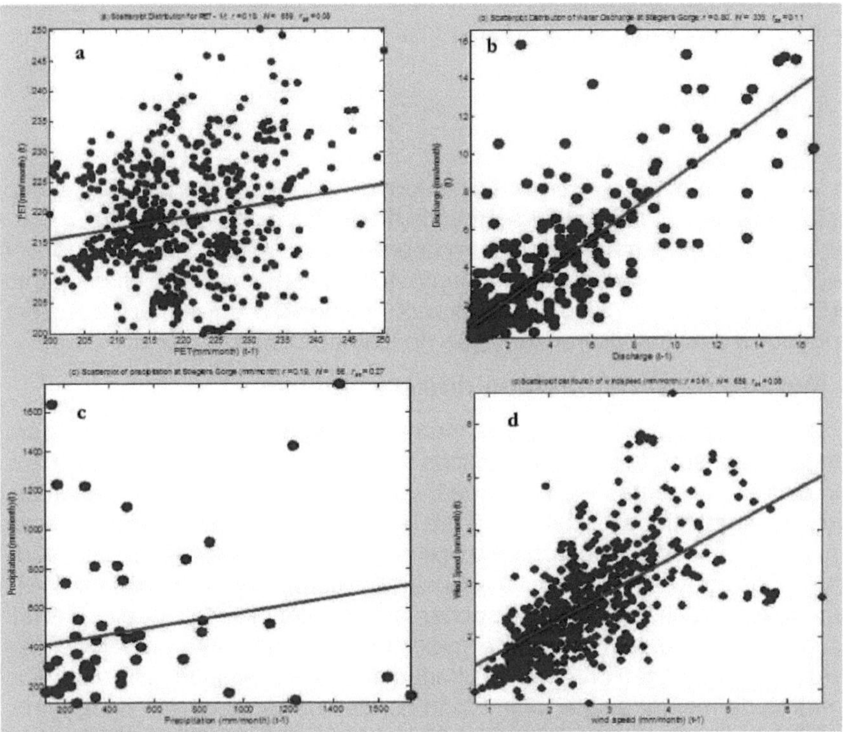

Figura 16. Os gráficos de dispersão e a função de autocorrelação para: a) Evapotranspiração potencial (PET); b) Descarga do rio; c) Precipitação e d) Velocidade do vento em mm/mês no desfiladeiro de Stiegler.

2.11.1 Culturas Consumo de água

As respostas de absorção de água são controladas pelos tipos de solo devido a alterações na condutividade hidrostática, variação sazonal, condições de saturação, distribuição da densidade radicular e profundidade da raiz. Jansson. (1998) salientou que os consumos de água elevados relevantes são mais favoráveis no solo argiloso do que no solo arenoso. Isto deve-se ao facto de o solo argiloso apresentar poros e antecipar uma cabeça de pressão elevada que melhora o potencial de absorção de água no perfil do solo.

Foram identificados cinco parâmetros de consumo de água pelas plantas no modelo CoupModel, incluindo CritThresholdDry (cm), DemandRefCoef (1/dia), AirRedCoef (unidade a menos), NonDemandRelCoef (Kg/m2/dia), flexibility De- gree e TempCoef (unidade a menos) de diferentes profundidades do solo. Entre elas, foram identificadas quatro funções de absorção de água influentes para otimizar a procura de água para consumos elevados de água pelas plantas, como CritThresholdDry (cm), AirRed-Coef, TempCoef (menos uma unidade) e DemandRefCoef (1/dia). O CritThresholdDry (cm) refere-se à altura de pressão crítica necessária para reduzir os potenciais consumos de água. O valor selecionado para o CritThresholdDry máximo foi 9800cm, três vezes superior ao intervalo recomendado (1000-3000cm) por Jansson (1998). A resposta mostrou que os valores de CritThreshold- oldDry eram diretamente proporcionais ao grau de absorção de água pelas plantas.DemandRefCoef (1/dia) representa o coeficiente da dependência da taxa potencial de absorção de água na função de redução. A maxi- mização da taxa de absorção de água exigiu um valor baixo do DemandRefCoef, que foi fixado em 0,1 por dia. AirRedCoef (unidade menos) explica a taxa de resistência da planta à absorção de água em condições de défice de oxigénio, principalmente em condições de elevado teor de água saturada no solo. A absorção de água pela planta foi ajustada para zero AirRedCoef. 5. Da mesma forma, o grau máximo do potencial de absorção de água pela planta foi reconhecido quando o TempCoef foi ajustado para 5. Os principais pressupostos para a otimização da absorção de água pelas plantas foram tão surpreendentes que as transpirações elevadas podem ocorrer em condições climáticas de temperatura do ar seco elevada, radiação global elevada e dias longos. Para execuções múltiplas, o número da simulação foi fixado em 10000.

2.11.2 Águas superficiais Escoamentos

Os escoamentos de águas superficiais foram estimados no CoupModel através do cálculo do SurfCoef (1/dia) e da cobertura do solo. O SurfCoef define o coeficiente que é utilizado para estimar a quantidade de água escoada das massas de água azuis que excede a capacidade de armazenamento de água residual. A cobertura do solo é um parâmetro que é utilizado principalmente para estimar a quantidade de água que se infiltra no perfil do solo a partir da precipitação direta, através da precipitação de queda interceptada e da água de gotejamento da copa das árvores. As florestas decíduas, como a floresta de Miombo, têm a maior *cobertura do solo* devido ao elevado desenvolvimento do índice de área foliar. A cobertura do solo é referida como uma barreira física que aumenta o escoamento superficial e reduz a infiltração no solo.

A cobertura do solo reduz os fluxos de calor do solo e, por conseguinte, reduz a evaporação do solo. O processo de otimização da infiltração das águas subterrâneas exigiu um valor de cobertura do solo inferior a 0 e o escoamento superficial elevado foi parametrizado colocando um valor elevado de cobertura do solo em 1. O escoamento é o fluxo de água que permanece após a infiltração e a evaporação. No entanto, houve vários factores que também foram considerados para maximizar o escoamento da água, como a estrutura do solo, a compactação do solo, a saturação da água, a cobertura vegetal (espécies de gramíneas e árvores) e a transmitância da radiação solar. Os efeitos do fenómeno da cobertura do solo no escoamento superficial são bem descritos pelos valores do coeficiente de rugosidade de Manning, que é baixo para os prados abertos (0,035),

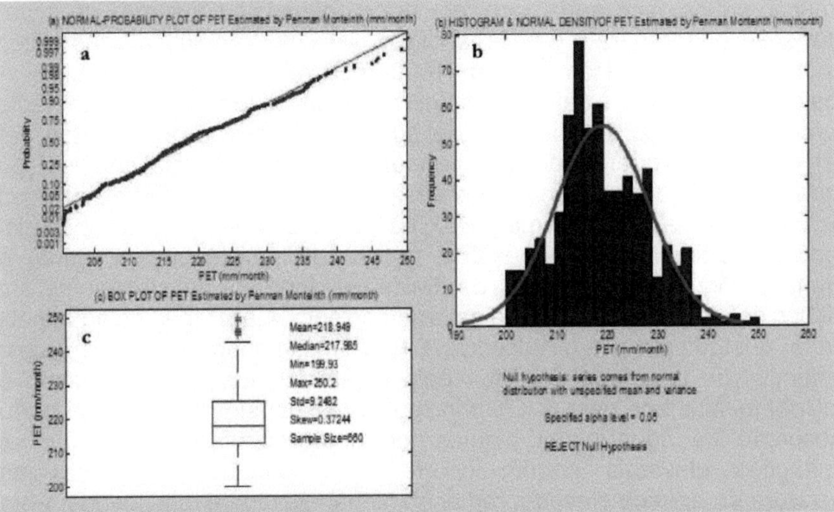

Figura 17. Representação estatística do PET estimado por Penman - Monteith para o desfiladeiro de Stiegler; a) Distribuição normal de probabilidades do PET (mm/mês); b) Histograma e distribuição normal da densidade do PET; c) Gráfico de caixa estatístico do PET indicando a média, a mediana, a assimetria e a dimensão da amostra do PET.

2.11.3 Armazenamento de águas subterrâneas

As águas subterrâneas são as águas que se infiltram e recarregam sob a superfície terrestre para os aquíferos superficiais e profundos. A crescente necessidade de água para plantações em grande escala, os fluxos de calor no solo e a temperatura do solo contribuem para o esgotamento das reservas dos aquíferos subterrâneos e conduzem consecutivamente a secas no solo. As soluções de compromisso em tempo real para superar as secas do solo e as necessidades de água para diferentes desejos económicos e ambientais requerem uma identificação adequada das condições de fronteira adequadas para aumentar os rendimentos dos aquíferos, a recarga das águas subterrâneas (ou seja, a condutividade do solo) e diminuir os fluxos de calor do solo e as condições térmicas do solo. Isto significa que, a fim de satisfazer a parametrização fiável e sustentável das águas subterrâneas para o armazenamento do aquífero em escala superior, considerou-se reduzir a eficiência da barreira de infiltração para 0,1 (menos uma unidade) e o nível da barreira de (-0,01 menos uma unidade) no modelo CoupModel. Da mesma forma, os conteúdos iniciais da piscina de águas superficiais (SurfPoolInit) foram ajustados para o valor mais baixo de 0,1. O pressuposto associado a esta redução foi o de que o elevado volume inicial de água superficial em condições de saturação reduz a capacidade de recarga das águas subterrâneas. Como já foi referido anteriormente, a cobertura do solo foi também ajustada para o valor mais baixo de 0,1 (menos uma unidade). O grau de redução da seca do solo foi conseguido através da diminuição dos parâmetros de condutividade térmica do solo. Este parâmetro inclui CFrozenMaxDamp, ClayUnfrozenC (W/mc) e SandunFrozen C

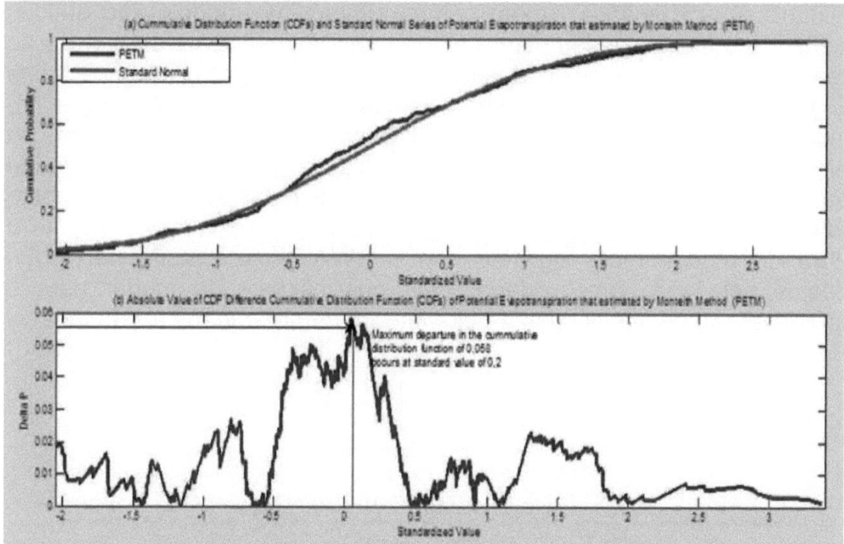

Figura 18. Em cima, representa-se a função de distribuição cumulativa (CDF) do PET e em baixo, mostra-se o desvio máximo nas funções de distribuição cumulativa do PET para o desfiladeiro de Stieglers.

(W/mc). A sensibilidade máxima destes parâmetros para reduzir a condutividade térmica do solo foi atingida quando ClayUnfrozenC foi ajustado para 0,8 W/mC. Os solos argilosos foram diferenciados dos solos arenosos com base na distribuição dos tamanhos dos poros, dos quais o solo com tamanho de poro inferior a 0,5 e conteúdo volumétrico de água no ponto de murcha superior a 10% foi classificado como solo argiloso.

Pelo contrário, os solos arenosos também variaram com as dimensões dos grãos. Além disso, as condições iniciais de temperatura do solo para as diferentes camadas (SoilInitTempConst) e as diferenças diurnas de temperatura do ar (TempDiff- Prec-Air) foram ajustadas para os valores mais baixos de -1,7E-05 oc e 9,95 oc, respetivamente.

2.12 Avaliação do modelo

A análise de validação cruzada foi efectuada para avaliar o grau de: CoupModel e SWAT índices de desempenho e erros de simulação na realização de simulações significativas de armazenamentos de água, escoamentos de águas superficiais e variabilidade da humidade para melhor apoiar a tomada de decisão. Nesta , as avaliações foram baseadas na observação física da melhor equifinalidade estatística[7] e no grau físico-matemático dos dados observados em relação aos resultados simulados nas abordagens GLUE e Bayesiana. A equifinalidade é um conceito filosófico que surge na validação dos desempenhos dos modelos hidrológicos que espelham a realidade. A aceitação e o bom comportamento do modelo são obtidos selecionando o melhor desempenho em termos de coeficiente de correlação de Pearson (r), coeficiente de determinação (R^2) (Eqn. 23), Nash-Sutcliffe ($NSEr^2$), erro médio (ME), raiz do erro quadrático médio (RMSE) e co-variância. A avaliação envolve a combinação dos valores dos parâmetros do modelo, do viés e da covariância, das distribuições de probabilidade posteriores e do limite final das incertezas do modelo. No entanto, a resposta da simulação do modelo que está próxima da realidade varia consoante a estrutura do modelo. Isto significa que o SWAT e o CoupModel foram compostos pela sua complexidade, pela possibilidade de mudar para o número desejável de simulações e pelo número de parâmetros a simular.

$$\mathrm{NSEr}^2 = 1 - \left[\frac{\sum_{i=1}^{n}\left(Q_i^{obs} - Q_i^{sim}\right)^2}{\sum_{i=1}^{n}\left(Q_i^{obs} - Q_i^{mean}\right)^2}\right] \qquad (22)$$

$$R^2 = \frac{\left[\sum_{i=1}^{n}\left(Q_i^{obs} - Q_i^{mean}\right)\left(Q_i^{sim} - Q_i^{mean}\right)\right]^2}{\sum_{i=1}^{n}\left(Q_i^{obs} - Q_i^{mean}\right)^2 \sum_{i=1}^{n}\left(Q_i^{sim} - Q_i^{mean}\right)^2} \qquad (23)$$

7 Beven (β006) descreveu que "os modelos ambientais são afectados pela equifinalidade, na qual várias construções de modelos diferentes (ou conjuntos de parâmetros) podem produzir o mesmo resultado empírico, e que não existe uma forma não problemática de saber qual a realização do modelo que está mais próxima da natureza".

3 RESULTADOS

3.1 Análise da qualidade dos dados

Cinquenta e cinco séries temporais de variáveis hidroclimatológicas foram analisadas quanto à sua adequação através de três métodos de substituição. A análise inicial revelou que a estação meteorológica de Dar es Salaam possui o maior número de dados em falta (14567) em comparação com outras estações. Muitos dados em falta na estação de Dar es Salaam foram entre 1962 e 1972, repetidamente entre 1996 e 2002 (Fig. 12). Entre os três métodos de substituição utilizados neste estudo, o terceiro método de substituição - *seleção aleatória artificial de dados de outro ano* - revelou-se o melhor método (Tabela 5). O melhor desempenho de substituição no terceiro método foi alcançado após o preenchimento das lacunas por um número máximo de dias de 2555 (7 anos). O método um, a melhor regressão linear obtida por outras estações, apresentou o desempenho mais baixo, substituindo 3 % dos dados em falta da estação de Dar es Salaam. Os resultados mostraram que o desempenho do segundo método varia com a elevação altitudinal. Por exemplo, os dados meteorológicos da zona de altitude - Iringa replicaram o coeficiente de determinação mais elevado (R^2=0,984) e as restantes estações apresentaram um desempenho fraco (Tabela 4). Em resumo, cerca de 7480 temperaturas do ar não registadas para Kilwa masoko (1:6) foram sub

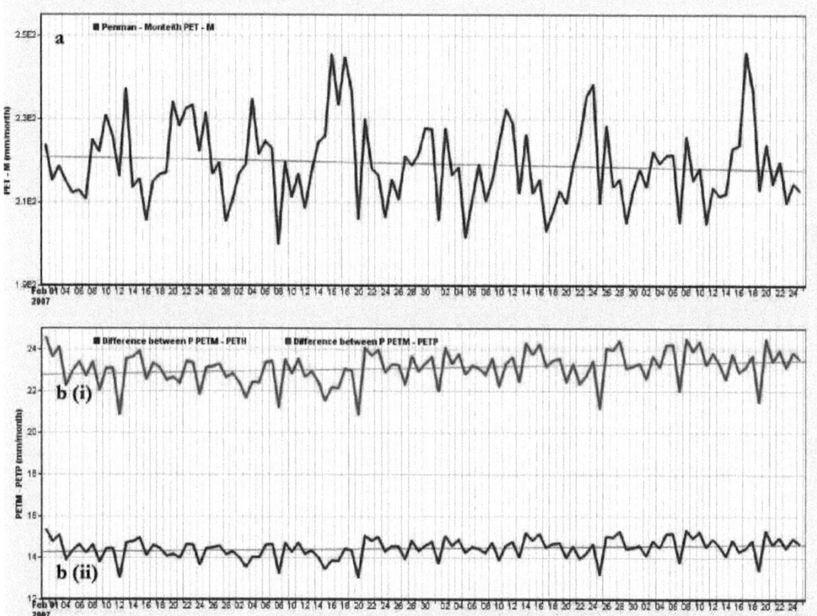

Figura 19. a) Variabilidade a longo prazo da PET (mm/mês) estimada pelo método de Penman - Monteith, b (i) Diferença da PET entre o método de Penman e Ha- greaves, b(ii) Diferença da PET entre o método de Penman - Monteith e Priestley - Taylor. A linha horizontal vermelha

em ambas as figuras é a linha de regressão.

= A função de autocorrelação para os dados PET e de descarga mostrou uma forte autocorrelação do ponto de dados em comparação com os dados de precipitação (Fig. 16). A função de autocorrelação para os dados PET e de descarga mostrou uma forte autocorrelação do ponto de dados em comparação com os dados de precipitação (Fig. 16).

Esta forte autocorrelação é identificada quando os pontos de dados estão mais próximos do modelo de regressão. Embora a hipótese nula para o PET (ou seja, não existe diferença média) tenha sido rejeitada, os pontos de dados estão normalmente distribuídos (Fig. 17). A rejeição das hipóteses nulas foi causada por dois factores principais. Em primeiro lugar, a distribuição de probabilidade empírica do PET foi superior a 0,05 e, em segundo lugar, a influência da assimetria positiva que ocorreu quando o valor da mediana (217,96 mm/mês) é inferior ao valor da média (218,94 mm/mês) (Fig. 17). Em geral, a não-normalidade da distribuição da densidade dos dados ocorre sempre que há (1) assimetria positiva (1) a média é muito maior do que a mediana (2) a distribuição normal da densidade do histograma é mais esticada do que as caudas inferiores (4) o bom ajuste dos dados afasta-se da linha de distribuição de probabilidade empírica. Do mesmo modo, os dados relativos às descargas fluviais também apresentam um baixo grau de normalidade da distribuição, tal como se verifica pela assimetria positiva (isto é, a média das descargas

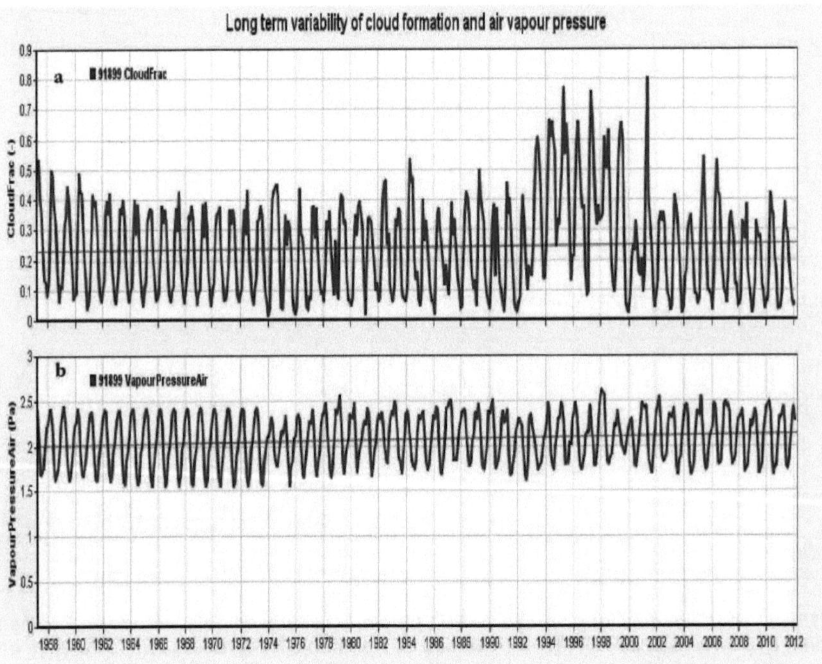

Figura 20. A variabilidade a longo prazo da a) formação de nuvens e b) pressão de vapor do ar para o desfiladeiro de Stiegler.

(3,0028 mm/dia) foi muito superior à mediana (2,37 mm/dia). O desvio máximo dos dados para a função de distribuição cumulativa do PET de 0,058 foi observado no valor normalizado de 0,2 (Fig. 18). A tendência sazonal a longo prazo da PET estimada por Penman-Monteith variou entre 199 - 250 mm/mês. A estimativa da PET por Hargreaves e Priestly - Taylor varia entre 207 - 264 mm/mês e 178 - 228 mm/mês, respetivamente. A maior diferença entre os três métodos de estimativa da PET foi registada entre os métodos Penman-Monteith e Priestley-Taylor (Fig. 19).

A maior aleatoriedade dos pontos de dados foi registada no ponto de amostragem da descarga do rio e da pré-cipitação e esta distribuição aleatória representou uma fraca autocorrelação entre os dados (Fig. 16). A força da relação de autocorrelação entre os pontos é medida através do tamanho do coeficiente de autocorrelação de primeira ordem significativo ($r_{95\%}$) estimado a um nível de confiança de 95% num teste lateral de uma cauda da distribuição normal de frequência. O padrão de distribuição de proximidade (cluster) dos dados indica que a presença de um ponto de amostra atrai outros pontos na sua vizinhança. Por outro lado, a aleatoriedade dos pontos de dados representa a independência dos pontos e a semelhança da vizinhança de um ponto para conter um ponto. A independência dos pontos de dados é efetivamente definida como *um processo de primeira ordem*. Por outro lado, o padrão de agrupamento é considerado um *processo de segunda ordem* e envolve a interação dos pontos de dados. Neste estudo, a irregularidade dos dados é pré-enviada pelo histograma e pela distribuição normal da densidade (Fig. 17). Além disso, o desvio dos dados na função de distribuição de probabilidade cumulativa é medido pelo *"delta p"*, que estima o desvio máximo na distribuição cumulativa em valores normalizados (Fig. 19). Ou seja, o desvio máximo na função cumulativa para a evapotranspiração potencial no desfiladeiro de Stiegler foi de 0,06 a um valor padrão de 0,2 (Fig. 19). As fracções de formação de nuvens diminuíram em três dígitos de 0,8 observadas em abril de 2005 para 2012 (Fig. 20). O declínio da formação de nuvens implica o aumento da temperatura do ar, que seca o pouco vapor de ar quente transportado.

3.2 Análise de séries temporais

As séries temporais são uma das ferramentas de análise de dados utilizadas para avaliar as tendências variáveis e a autocorrelação. Este estudo testou a autocorrelação da precipitação, do caudal do rio, da velocidade do vento, da temperatura do ar e da evapotranspiração potencial (PET). A autocorrelação foi efectuada para medir o desvio da densidade dos dados em relação à média ou ao ponto de referência. O padrão de tal desvio pode ser explicado pela autocorrelação positiva ou negativa. Os resultados das séries temporais de descargas anuais mostraram que a autocorrelação positiva se situa entre (1966 e 1969) e a autocorrelação negativa entre (1995 e 1999) (Fig. 23). A autocorrelação positiva é caracterizada por desvios positivos da média seguidos de desvios negativos. Os dados de precipitação estão a aumentar ligeiramente com um coeficiente de correlação, r = 0,18 e um declive de 5,56E-005. A tendência da série temporal para a temperatura e a pressão de vapor do ar é estável e representada como um padrão cíclico. Em LRB, Utete e Mloka registaram a precipitação mais elevada do que as outras estações. A precipitação média em Utete e Mloka é de 2874 mm e 2760 mm por ano, respetivamente (Fig. 14). A primeira precipitação forte na LRB ocorreu em 1978 e vinte anos mais tarde, em 1998. O desfiladeiro de Stiegler recebe menos precipitação, estimada em 2665 mm por ano. Normalmente, a velocidade do vento é suave no verão (maio-julho) e a tendência é aumentar logaritmicamente com a altura de crescimento das plantas, especialmente na primavera (janeiro-abril). O valor mais alto de albedo (80 %) para a cobertura vegetal causou a maior radiação solar global em Mloka (2853 $MJm^{-2}dia^{-1}$) (Tabela 7). Os resultados simulados para a descarga do rio no modelo SWAT mostraram uma mudança de amplitude entre a descarga observada e a simulada (Fig. 23). Este desvio é causado pela elevada variância dos dados de descarga do rio e provavelmente devido à diferença topográfica na bacia.

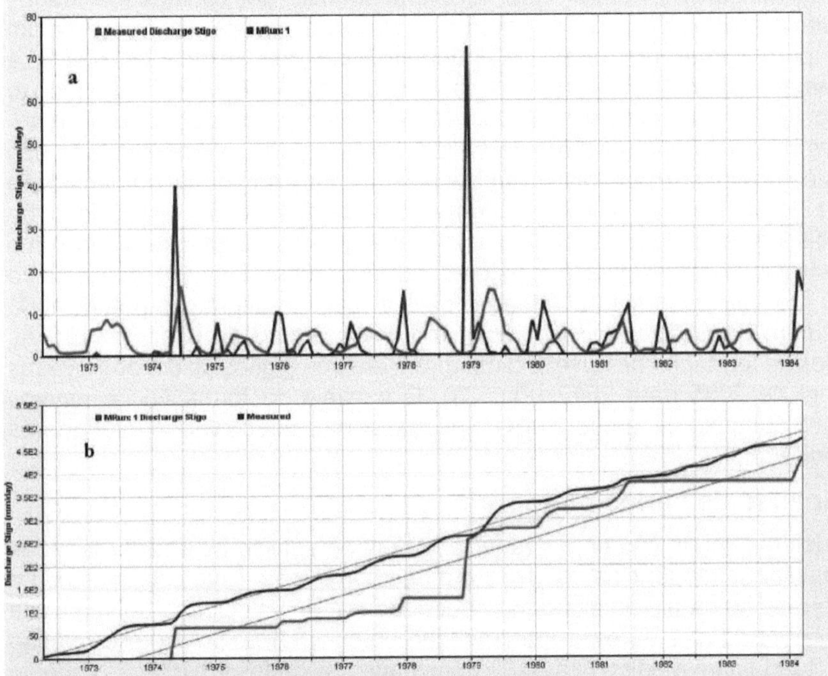

Figura 21. A descarga simulada no Stiegler's através do método de calibração GLUE; a) concordância entre a descarga simulada e observada e) concordância cumulativa entre a observada e a simulada.

pecado. A variabilidade topográfica e a diferença nas condições hidroclimatológicas também contribuíram para essa mudança. A análise de regressão variáveis de entrada indicou o coeficiente de determinação mais baixo para os dados de precipitação (R^2= 0.2) (Tabela 4 e apêndice 1). Isto deve-se ao facto de a cor dos objectos, como a cobertura vegetal e os materiais brilhantes, influenciar a reflexão da radiação de ondas curtas que chega à atmosfera. A radiação solar líquida varia ao longo do tempo e diminui no verão (maio a setembro), principalmente devido à atividade das manchas solares. A radiação líquida recebida nas terras de cultivo é menor, correspondendo ao valor simulado na floresta densa. Para além disso, a elevada altitude no desfiladeiro de Stiegler contribuiu para a evapotranspiração que atingiu 7,67 mm/dia (Quadro 8). Observa-se que a pressão de vapor é elevada na primavera (março-maio) devido a um aumento da massa de ar seco em resultado da temperatura elevada do ar (Fig. 19 e Fig. 20). Os resultados revelaram que a evapotranspiração potencial é muito mais elevada na primavera, quando o ar atmosférico é mais seco. O ar seco estimula o crescimento das plantas devido a uma transpiração elevada, que também aumenta a absorção de água. Este processo aumenta a área foliar.

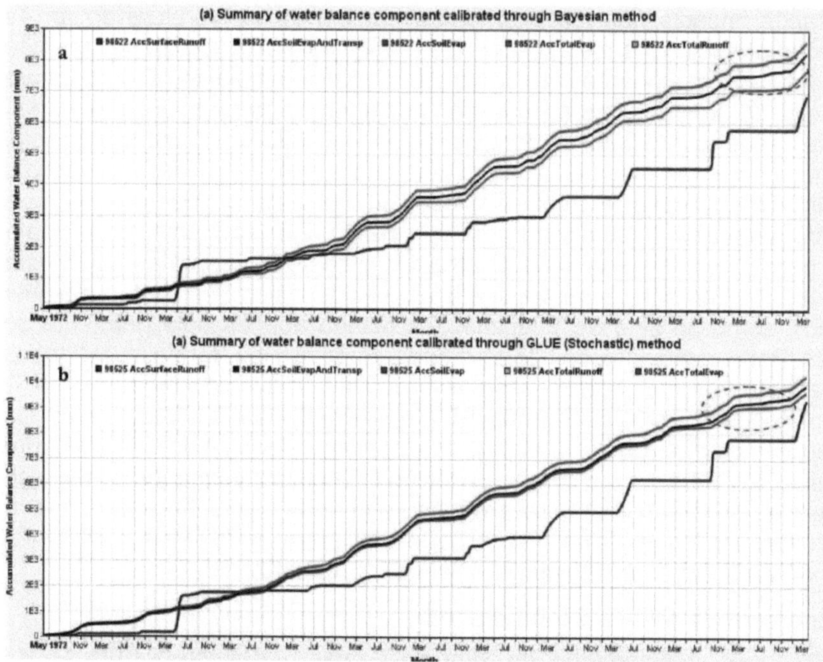

Figura 22. A força de calibração das componentes do balanço hídrico para o desfiladeiro de Stieglers calibrado através de: a) método Bayesiano e b) método GLUE (estocástico).

dex e distribuição da profundidade das raízes. No entanto, a taxa de evapotranspiração foi de alguma forma reduzida pela humidade. O represamento da barragem em a montante diminuiu a descarga no desfiladeiro de Stiegler em 25 %.

3.3 Evapotranspiração potencial do solo

A evapotranspiração potencial do solo (PET) é uma componente importante do ciclo hidrológico, que rege a quantificação dos fluxos de água superficiais e subsuperficiais. A PET levou diferentes académicos a argumentar que as taxas de PET diferem com as propriedades da cobertura vegetal: densidade de distribuição radicular (profundidade radicular) e índice de área foliar (Hough, 1986; Jansson, 1998). Jansson (1998) argumentou que as taxas de evapotranspiração são controladas pelo conteúdo de água no solo e pela resistência aerodinâmica (isto é, na superfície do solo e sob a superfície do solo). Para explicar a importância do PET, Jansson continuou argumentando que a variação aerodinâmica para o ambiente de alta vegetação com alta copa das plantas. Da mesma forma, outros cientistas Thornton e Rohli desenvolveram o argumento de Jansson de que a PET muda significativamente com os estados da estabilidade atmosférica que controlam o gradiente de pressão de vapor entre a superfície da terra e a temperatura do ar atmosférico (Thornton e Running, 1998; Rohli e Vega, 2008). Na maioria dos cenários de avaliação do aquecimento global, a estabilidade atmosférica tem grande impacto nos movimentos da parcela de temperatura do ar. As condições atmosféricas instáveis ocorrem principalmente em ambientes não saturados (secos) e semi-áridos como a LRB. Neste ambiente, a temperatura da parcela de ar quente é mais baixa do que a temperatura do ar circundante, o que favorece os movimentos do vapor de ar evaporado da superfície do solo, da vegetação e das massas de água para a atmosfera, provocando assim o aquecimento da Terra. A atmosfera estável ocorre no ambiente humano e saturado, enquanto a temperatura da parcela de ar é facilmente arrefecida e desce para a superfície da terra. O arrefecimento do ar quente aumenta com a altitude. A elevada evapotranspiração na atmosfera estável (ambiente elevado), como no sítio de Stieglers, é causada apenas pelo gradiente de pressão. Por conseguinte, devido à potencialidade do PET, foram investigados neste estudo três métodos de estimativa do PET através do modelo SWAT. Estes métodos foram os de Penman-Monteith, Prietly-Taylor e Hargreaves. Os resultados mostraram que o método de Priestley e Taylor não desestimou a estimativa do PET devido a componentes de advecção na equação do balanço de energia que é sensível para a região semi-árida (Neitsch et al, 2011). A maior diferença entre estes três métodos foi entre o PETM e o PETP, a diferença varia entre 19 - 25 mmPET/mês (Fig. 16 e 19).

3.4 Incerteza da calibração do modelo

Os índices de desempenho de simulação mais fortes na simulação do escoamento total no modelo CoupModel foram encontrados através do método de calibração Bayesiano em comparação com o método GLUE (linear estocástico) (Tabela 9). No âmbito do método de calibração Bayesiano, o índice de desempenho Nash-Sutcliffe mais forte e promissor (NSEr2 = -4,01) foi detectado durante a calibração com a equação de Penman Monteith (equação PM). Foram utilizadas várias estratégias de otimização para aumentar os índices de desempenho, aumentando o número de execuções, selecionando valores-limite adequados, aumentando o valor-limite que reduziu o resíduo da simulação entre o intervalo de incerteza simulado e os dados observados. Por exemplo, o fator de correção da precipitação (PrecA0Corr) no Multirun foi aumentado para o valor máximo de 3. A descarga fluvial simulada através da Calibração Bayesiana revelou uma baixa concordância (Fig. 22) com a descarga fluvial observada devido à existência de um erro médio simulado elevado (-1,87) e o erro quadrático médio (RMSE) entre os valores simulados e as variáveis medidas foi de 7 (Tabela 9). O RMSE máximo de 18,5 durante a simulação do escoamento total foi encontrado no método de calibração GLUE.

O RMSE mais elevado descreve a variância que mede o grau de correlação entre as variáveis e, em muitos casos, é definido como a média da diferença quadrada da média. A elevada variância resultou no facto de o CoupModel ter sido encontrado através do método de calibração Bayesiano em comparação com o método GLUE (linear estocástico) (Quadro 9). No âmbito do método de calibração Bayesiano, o índice de desempenho Nash-Sutcliffe mais forte e promissor ($NSEr^2$ = -4,01) foi detectado durante a calibração com a equação de Penman Monteith (equação PM). Foram utilizadas várias estratégias de otimização para aumentar os índices de desempenho através do aumento do número de execuções, da seleção de valores-limite adequados e do aumento do valor-limite que reduziu o resíduo da simulação entre o intervalo de incerteza simulado e os dados observados. Por exemplo, o fator de correção da precipitação (PrecA0Corr) no Multirun foi aumentado para o valor máximo de 3. A descarga fluvial simulada através da Calibração Bayesiana revelou uma baixa concordância (Fig. 22) com a descarga fluvial observada devido à existência de um erro médio simulado elevado (-1,87) e o erro quadrático médio (RMSE) entre os valores simulados e as variáveis medidas foi de 7 (Tabela 9). O RMSE máximo de 18,5 durante a simulação do escoamento total foi encontrado no método de calibração GLUE.

O RMSE mais elevado descreve a variância que mede o grau de correlação entre as variáveis e, em muitos casos, é definido como a média da diferença quadrada em relação à média. A variância elevada resultou em

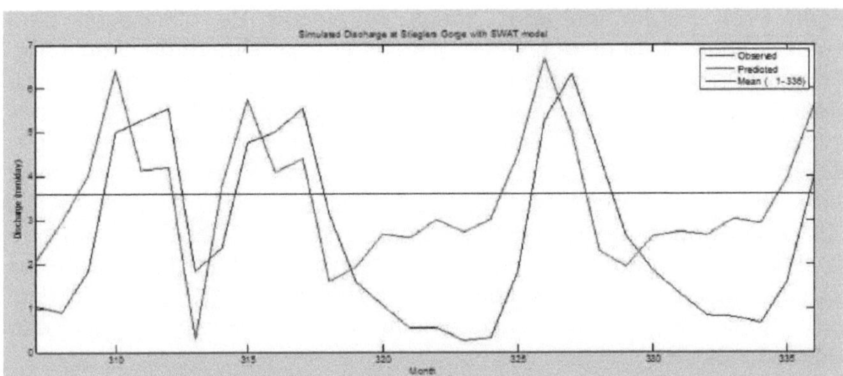

Figura 23: Descarga de água do rio simulada com um intervalo de confiança de 99

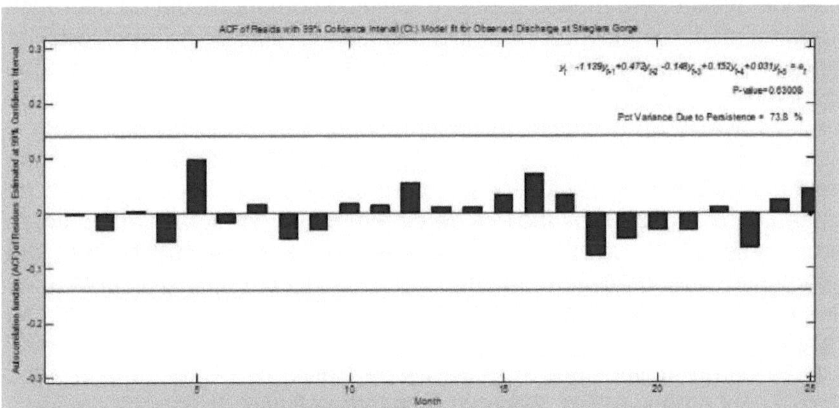

Figura 24. A função de autocorrelação dos resíduos para a descarga mensal prevista estimada no Intervalo de Confiança de 99%.

para alterar a tendência da simulação e a diferença de amplitude (Fig. 25). Foi bastante interessante o facto de os índices de desempenho fortes terem sido obtidos quando o valor médio simulado era muito inferior ao valor médio medido (3,27). O RMSE entre os valores simulados e as variáveis medidas para 6 execuções de pós-seleção da distribuição resultou num coeficiente de variância inferior (CV = 0,07) em comparação com o coeficiente de variância (CV = 1,51) da seleção prévia da distribuição. Isto implica que o pós-processamento justificou ser um paradigma de trabalho útil para evitar o condicionamento excessivo e para resumir as distribuições de parâmetros no espaço de parâmetros e o intervalo de incerteza preditiva dos dados observados. O valor da probabilidade no modelo SWAT, através da abordagem de calibração GLUE, mais elevado (valor P = 0,63), cujos resíduos são explicados pela equação de regressão múltipla na figura 24. O valor ajustado para a variável mais sensível

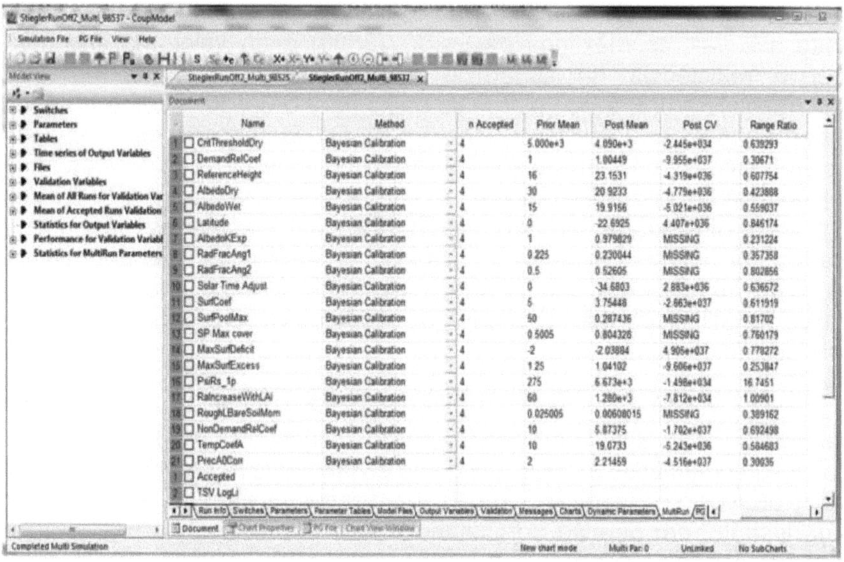

	Name	Method	n Accepted	Prior Mean	Post Mean	Post CV	Range Ratio
1	CritThresholdDry	Bayesian Calibration	4	5.000e+3	4.090e+3	-2.445e+034	0.639293
2	DemandRelCoef	Bayesian Calibration	4	1	1.00449	-9.955e+037	0.30671
3	ReferenceHeight	Bayesian Calibration	4	16	23.1531	-4.319e+036	0.607754
4	AlbedoDry	Bayesian Calibration	4	30	20.9233	-4.779e+036	0.423888
5	AlbedoWet	Bayesian Calibration	4	15	19.9156	-5.021e+036	0.559037
6	Latitude	Bayesian Calibration	4	0	-22.6925	4.407e+036	0.846174
7	AlbedoKExp	Bayesian Calibration	4	1	0.979829	MISSING	0.231224
8	RadFracAng1	Bayesian Calibration	4	0.225	0.230044	MISSING	0.357358
9	RadFracAng2	Bayesian Calibration	4	0.5	0.52605	MISSING	0.802856
10	Solar Time Adjust	Bayesian Calibration	4	0	-34.6803	2.883e+036	0.636572
11	SurfCoef	Bayesian Calibration	4	5	3.75448	-2.663e+037	0.611919
12	SurfPoolMax	Bayesian Calibration	4	50	0.287436	MISSING	0.81702
13	SP Max cover	Bayesian Calibration	4	0.5005	0.804326	MISSING	0.760179
14	MaxSurfDeficit	Bayesian Calibration	4	-2	-2.03884	4.905e+037	0.778272
15	MaxSurfExcess	Bayesian Calibration	4	1.25	1.04102	-9.606e+037	0.253847
16	PsiRs_1p	Bayesian Calibration	4	275	6.673e+3	-1.498e+034	16.7451
17	RaIncreaseWithLAI	Bayesian Calibration	4	60	1.280e+3	-7.812e+034	1.00901
18	RoughLBareSoilMom	Bayesian Calibration	4	0.025005	0.00608015	MISSING	0.389162
19	NonDemandRelCoef	Bayesian Calibration	4	10	5.87375	-1.702e+037	0.692498
20	TempCoefA	Bayesian Calibration	4	10	19.0733	-5.243e+036	0.584683
21	PrecA0Corr	Bayesian Calibration	4	2	2.21459	-4.516e+037	0.30035
1	Accepted						
2	TSV LogLi						

Figura 25. Distribuição posterior dos valores dos parâmetros no método de Calibração Bayesiana.

Os parâmetros para o escoamento de águas superficiais, recarga de águas subterrâneas, absorção de água pelas plantas, radiação solar global, fluxos de água no solo e evaporação do solo são identificados nos quadros 7 e 8. Os valores mais bem ajustados foram utilizados para quantificar as componentes do balanço hídrico e posteriormente utilizados como informação de base no Arc SWAT para localizar a bacia hidrográfica com maior escassez de água. Alguns destes valores foram obtidos durante a simulação de uma única execução ou a partir da pesquisa bibliográfica. Os parâmetros correspondiam diretamente às equações apresentadas na visão concetual teórica (Quadro 8). A sensibilização dos parâmetros indicou que o conjunto mais elevado de valores de CritThresholdDry (9800) resultou num grau mais elevado de procura de evapotranspiração que varia com a distribuição da densidade das raízes (Tabela 9). Os escoamentos superficiais mais elevados foram registados em ambientes com maior cobertura do solo (menos 0,9 unidades) (Tabela 9). Isto é paralelo ao facto de que, com a maior cobertura do solo, a infiltração de água no solo se torna baixa e, para este cenário, o parâmetro para simular a água infiltrada no solo foi acordado em 0,66. A reflexão da radiação solar global foi muito elevada no solo de areia seca do que no solo argiloso e húmido. A evaporação mais elevada do solo foi principalmente mais elevada quando o coeficiente de resistência da superfície do solo foi ajustado para o valor mais elevado (menos 8500 unidades). Os valores de validação mostraram que os fluxos de água do solo na zona não saturada têm um coeficiente de determinação satisfatório (R^2 = 0,85). Em geral, a qualidade mais elevada índice de desempenho para simular o teor de água no solo foi atingida quando o coeficiente para a resistência da superfície do solo foi ajustado aos valores máximos de PsiRS (8500) e ao valor máximo para estimar a resistência da superfície e a pressão de vapor no solo (MaxSurfExcess = 0,3) e ao valor mais baixo para o défice máximo de água na superfície (MaxSurfDeficit = 2) (Quadro 7). O desempenho foi diminuindo com a profundidade do perfil do solo. No solo não saturado, os fluxos de água do solo simulados foram elevados (r^2 = 0,85) e diminuíram para (r^2 = 0,05) a 10 cm de profundidade. O erro médio (ME) para todos os parâmetros simulados foi inferior a zero, indicando os conjuntos de parâmetros hidrológicos mais baixos e a incerteza da modelação, o que aumenta a confiança na utilização dos resultados da modelação para apoiar a decisão sobre a gestão da água.

3.5 Componentes do balanço hídrico para a LRB

O balanço hídrico simulado no CoupModel mostrou 1643,9 Mmm de precipitação acumulada, 37,14 % flui como escoamento superficial e 61,10 % é perdido através da evapotranspiração. A precipitação aumenta à medida que se para jusante, em direção ao Oceano Índico. No entanto, a precipitação muda sazonalmente, sendo que a precipitação mais elevada ocorre entre março e maio. A evapotranspiração mais elevada entre as novas estações criadas no âmbito da LRB foi registada no desfiladeiro de Stiegler, onde a taxa de transpiração é de 66%. Entretanto, a precipitação mais baixa registou-se na estação de Nyamwage (272 Mmm), o que contribuiu para o aumento do défice de humidade no solo (21%) da precipitação recebida. A percolação profunda máxima para as águas subterrâneas regista-se em Mohoro (9215 mm) e a percolação mais baixa em Mloka (5214 mm). Stiegler's tem taxas de percolação moderadas que são estimadas em 7338 mm. A maior percolação de águas profundas para as águas subterrâneas em Mhoro é provavelmente no solo arenoso. A infiltração de água no solo em Ikwiriri é semelhante à de Stiegler's Gorge (26620 mm). O desempenho da simulação para as componentes do balanço hídrico foi ligeiramente diferente entre o método GLUE e o método de calibração Bayesiano. A simulação no GLUE parece concordar satisfatoriamente com as séries temporais de descarga (Fig. 25 e 23). O método GLUE apresentou 36,10 Mmm de precipitação acumulada 8000 Mmm mais elevada do que a abordagem de Calibração Bayesiana (Fig. 25). O método GLUE simulou 42 % da precipitação total recebida e o método Bayesiano mostrou apenas 33,6 % de descargas para o desfiladeiro de Stiegler.

4. DISCUSSÕES

4.1 Distribuição posterior de parâmetros

O grau da distribuição posterior dos valores dos parâmetros comportamentais é descrito pela equifinalidade. *A equifinalidade é um conceito filosóficoinventado por Beven, que descreve a bondade do modelo na previsão do resultado próximo da natureza, observando as covariâncias posteriores da combinação dos valores dos parâmetros (*Beven, 2006*).* A distribuição posterior dos parâmetros na figura 26 representa a

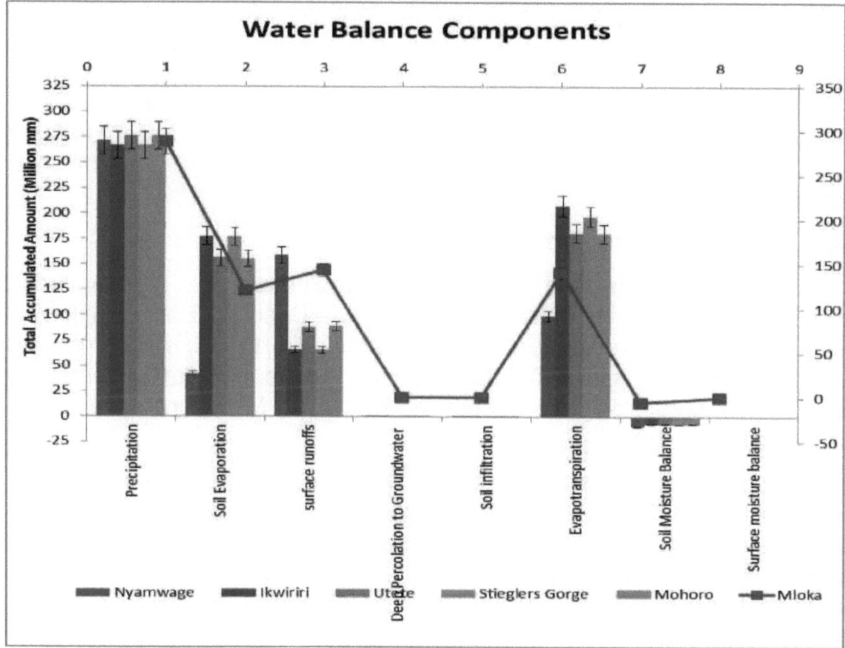

Figura 26. Resumo das componentes do balanço hídrico na bacia inferior do Rufiji.

número de simulações aceites (n aceites), média dos parâmetros antes da simulação (média anterior), após a simulação (média posterior) e covariância posterior (CV posterior) de diferentes valores de parâmetros ajustados. O CV posterior é o valor mais importante para definir os valores dos parâmetros comportamentais e a dimensão dos erros de incerteza (variâncias) das respostas da simulação ajustada. A melhor equifinalidade do modelo é alcançada durante a variância mais baixa dos valores dos parâmetros da distribuição posterior dos parâmetros. A menor covariância posterior (pós-covariância) indica mais provavelmente os menores erros de incerteza da simulação. Os parâmetros mais influentes que resultaram nas melhores respostas da distribuição posterior do modelo comportamental foram encontrados para os parâmetros CritThresholdDry e PsiRs_1p, cuja covariância posterior foi de -2,44E+34 e -1,498E+034, respetivamente (Fig.

27). A melhor equifinalidade do modelo posterior de ser comportamental foi aceite em Nash-Sutcliffe ($NSEr^2$ = - 4,01). Entre os dois métodos de calibração, as percentagens mais elevadas de desempenho dos parâmetros a posteriori foram detectadas na calibração Bayesiana e quatro das onze simulações efectuadas revelaram a melhor aceitabilidade dos valores dos parâmetros a posteriori do modelo comportamental (Fig. 23). Além disso, o CV posterior mais baixo foi observado com uma média posterior mais elevada. Por exemplo, o valor pós CV - 1,50E+034 para o parâmetro comportamental PsiRs_1p na calibração Bayesiana foi obtido na média pós mais alta (6,67E+3) (Fig. 23). Isso indica que a obtenção do melhor valor do parâmetro de equifinalidade comportamental é realizada na pós-média alta. Como já foi referido, a otimização de alguns parâmetros foi feita através da alteração do fator de precipitação (PrecA0Corr) de 2 para 3 no seu valor máximo. Estas alterações permitiram aumentar a quantidade de precipitação devido ao facto de a precipitação ser inferior à descarga do rio, o que resultou num balanço hídrico negativo.

4.2 Avaliação do balanço hídrico

As componentes simuladas do balanço hídrico mostraram que a precipitação é a componente dominante do ciclo hidrológico da Bacia do Baixo Rufiji (Fig. 25). A quantidade de precipitação recebida na Bacia do Baixo Rufiji parece mudar sazonalmente devido à influência das zonas de alta altitude nas florestas montanhosas do arco oriental na região de Morogoro e nalgumas partes da região de Iringa.

A influência provém da oscilação do Índico que induz o transporte de ar quente. A influência da circulação do Oceano Índico na bacia de precipitação da LRB depende muito da velocidade do vento. A menor velocidade do vento associa-se a uma menor precipitação no desfiladeiro de Stieglers. A precipitação total acumulada simulada no desfiladeiro de Stiegler com o método de Calibração Bayesiana é de 2848E+7 mm e o escoamento superficial acumulado é de 1213E+7 mm (Fig. 22). Cerca de 54% da precipitação acumulada é evaporada no desfiladeiro de Stieglers, indicando que apenas 46% da água está disponível para outras actividades humanas, como a produção de energia hidroelétrica, a agricultura, os consumos urbanos e os consumos do ecossistema. O desempenho dos dois métodos de calibração, GLUE (linear estocástico) e calibração bayesiana, mostrou uma ligeira diferença de poder na simulação dos balanços hídricos do desfiladeiro de Stiegler.

4.2.1 GLUE contra Calibração Bayesiana

O método de calibração GLUE justificou ser mais poderoso na simulação das componentes do balanço hídrico para a LRB (Fig. 22). Por exemplo, o método GLUE calibrou 2488 mm de quantidade extra de escoamento superficial acumulado em comparação com a calibração Bayesiana (6993 mm). No entanto, a evapotranspiração acumulada do solo calibrada pelo método

Bayesiano foi quase duas vezes superior (3273 mm) à quantidade estimada pelo método GLUE (4474 mm) (Fig. 22). Os índices de desempenho de calibração entre os dois métodos são elevados no método GLUE e são apresentados com círculos vermelhos na figura (22). No método Bayesiano, a diferença de calibração entre a evaporação acumulada do solo e a evapotranspiração e transpiração acumuladas do solo é elevada (554,7 mm), enquanto no método GLUE a diferença é muito pequena (83,7 mm) (Fig. 22). Os resultados mostraram que, em ambos os métodos, os escoamentos totais são iguais aos escoamentos superficiais acumulados. Este facto implica que a contribuição da água de base

Tabela 9. Desempenho do CoupModel - Calibrações simples e múltiplas para escoamentos totais no desfiladeiro de StieglerS.

Simulação #	Método Evapo	Método calibração	de r2	Intere	Declive	ME	RMSE	MSim	MMeas	Lhood	NSEr2	Observações
Único_985 20	PM_eq Rs(3Par)	COLA	0.002	3.2	0.02	-1.4	9.0	1.9	3.3	-5944	-7.3	Baixo poder de previsão e mudança na fase e amplitude da previsão influenciada pela variância e diferença na média entre simulado e observado
Único_985 19	Balanço energético iterativo	COLA	0.004	3.2	0.02	-1.6	8.5	1.7	3.3	-5276	-6.3	Erro de previsão baixo e covariância fraca que melhorou o tempo e a correlação
Único_985 18	PM_eq Rs(3Par)	Bayesiano	0.002	3.2	0.01	-1.3	9.2	1.9	3.3	-6171	-7.6	Baixo poder de previsão e baixa correlação entre o observado e o simulado
Único_985 17	Balanço energético iterativo	Bayesiano	0.004	3.2	0.02	-1.6	8.5	1.7	3.3	-5276	-6.3	Co-variância e enviesamento elevados no desempenho da previsão induzidos por uma diferença elevada na média entre o simulado e o medido
Multirun_9 8462	Balanço energético iterativo	COLA	0.002	3.2	0.01	-0.8	11.7	2.4	3.3	-9997	-13.0	Baixo poder de previsão e elevado desempenho de previsão
Multirun_7 7717	Balanço energético iterativo	Bayesiano	0.004	3.2	0.02	-1.5	18.5	2.4	3.3	-9997	-6.5	Deslocação e diferença de amplitude devido a elevada co-variância e fraca correlação
Multirun_9 8484	PM_eq Rs(3Par)	COLA	0.001	3.2	-0.67	12.1	12.1	2.6	3.3	1067	-14.0	Fraco poder de previsão e má calendarização das séries cronológicas
Multirun_9 8473	PM_eq Rs(3Par)	Bayesiano	0.007	3.2	0.04	-1.9	6.8	1.4	3.3	-3646	-4.0	Deslocação e diferença de amplitude devido a elevada co-variância e fraca correlação

Nota: PM_eq Rs(3Par) representa a equação de Penman-Monteith (PM) que inclui três parâmetros de resistência aerodinâmica abaixo da superfície do solo, acima da copa e dentro da copa; *r2* é o coeficiente de determinação; interc é o valor de interceção, *ME* é o erro médio; *RMSE* é a raiz do erro quadrático médio; *Lhood* é a verosimilhança; *MSim* é a média do valor simulado, *MMeas* é a média do valor medido e *NSEr2* é o valor de Nash-Sutcliffe.

para os escoamentos superficiais totais é muito insignificante. Esta diferença de calibração é normalmente causada por erros na execução matemática, aproximação, erros probabilísticos (estocásticos), geração imprecisa do valor do parâmetro aceite e seleção de valores máximos do parâmetro . A força do método de calibração GLUE está subjetivamente ligada à sua capacidade de gerar aleatoriamente um conjunto de parâmetros para uma solução aceitável. A calibração pelo método Bayesiano é uma abordagem mais sistemática (formal), em que a execução da calibração foi efectuada através da estimativa da máxima verosimilhança.

A calibração através do método GLUE é mais baseada na possibilidade de execução das melhores representações dos parâmetros. Por outro lado, a calibração pelo método Bayesiano é efectuada de forma mais probabilística.

Percebemos que o menor poder de calibração do método Bayesiano está diretamente relacionado com as incertezas probabilísticas causadas pela estimativa da máxima verosimilhança do parâmetro. A seleção dessa probabilidade depende definitivamente do conhecimento prévio do parâmetro. Contrariamente a isso, o método GLUE calibra a solução aceite através da geração de muitos conjuntos de parâmetros aleatórios. Os resultados das componentes do balanço hídrico mostraram que a evapotranspiração total calibrada pelo método GLUE é 1624 mm superior à do método Bayesiano (9481 mm). Esta diferença de calibração é também interpretada como sendo induzida pela elevação e pelos fluxos de ar quente e seco provenientes do Oceano Índico. A probabilidade de calibrar uma evapotranspiração do solo mais elevada é sempre maior num ambiente de ar seco. No desfiladeiro de Stieglers, a evapotranspiração mais elevada do solo é genuína nas estações secas, principalmente entre (junho-agosto), período de elevada diferença de pressão de vapor do ar entre a superfície de evaporação e a atmosfera circundante. A tendência de regressão para a pressão de vapor do ar no desfiladeiro de Stiegler indicou um aumento. Este facto implica que a evapotranspiração do solo também aumentará. A otimização da evapotranspiração do solo foi alcançada após a definição do valor mais elevado do parâmetro CritThresholdDry para 10000 cm. No entanto, o grau mais elevado de exigência de evapotranspiração depende também da densidade das raízes das plantas. É importante notar que a influência do fluxo de vento de leste na substituição do ar saturado por ar quente é muito baixa no desfiladeiro de Stiegler. A evaporação do solo é de alguma forma reduzida pela quantidade de água disponível no solo. O teor de água do solo abaixo do normal e as chuvas fortes e/ou frequentes no desfiladeiro de Stiegler são os dois principais factores que reduzem a evaporação do solo (9670 mm/dia). A maior elevação no desfiladeiro de Stiegler (140 m acima do nível do mar) e a influência da cobertura de floresta tropical na parte ocidental da bacia inferior de Rufiji estão a acelerar a frequência das quedas de precipitação neste local. Em comparação com outras estações, o escoamento superficial acumulado mais elevado registou-se em Nyamwage, que é quase duas vezes superior ao escoamento acumulado no desfiladeiro de Stiegler (75 Mmm). A precipitação mais acumulada é recebida em Mloka (287.42 Mmm) seguida de perto por Utete 276 Mmm (Fig. 25). Cerca de 37,1% da precipitação recebida na LRB flui como escoamento total e 50% é evaporada da superfície do solo. As condições quentes e semi-áridas e o aumento da temperatura diurna do ar são identificados como os factores que mais afectam a precipitação na bacia. Da mesma forma, a cobertura de nuvens é elevada em Mohoro (16,7 %) e Utete (16,7 %). A capacidade de evaporação é elevada em Stiegler's ((970 Pa) em comparação com outras estações como Mloka (940 Pa) e Nyamwage (860 Pa) (Quadro 2). A elevada capacidade de evapotranspiração em Stiegler's Gorge está diretamente relacionada com a elevação e a elevada intensidade da radiação solar. As perspectivas próximas dos resultados simulados indicam que as alterações nas precipitações acumuladas estão relacionadas com as alterações da temperatura do ar à superfície e da resistência aerodinâmica. Jansson (1998) argumentou que a resistência da superfície é uma função do Índice de Área Foliar (LAI)

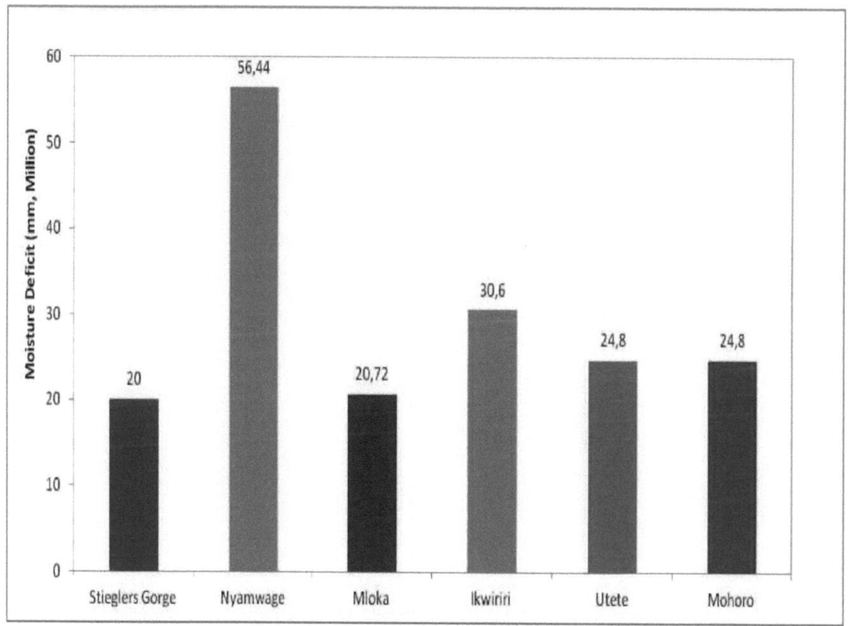

Figura 27. O défice de humidade do solo simulado no LRB.

e o défice de pressão de vapor que influenciou o aumento da evapotranspiração potencial no desfiladeiro de Stiegler. A absorção de água simulada revelou que a cabeça de pressão dos fluxos de água no solo tem maior influência na condutividade hidrostática entre a superfície da raiz e os tecidos do xilema da planta. A condutividade hidrostática continua a aumentar até atingir o grau de equilíbrio para a absorção potencial de água. O resultado da figura 26 mostra que a absorção de água na bacia inferior de Rufiji aumenta com a distribuição da profundidade da raiz. O potencial máximo de absorção de água pelas plantas encontra-se em Utete, simulando 550 mm/dia. A floresta de mangue em Mohoro revelou uma menor absorção de água. Os locais de seca extrema estão localizados no sul da LRB. A maior infiltração de água no solo na aldeia de Mloka 0.03Mm3 i é amplamente favorecida pela elevada condutividade dos Fluvisols Eutricos (Fig. 10). A composição granulada do Fluvisolo Eutrófico é superior a 60 % no horizonte não saturado do solo (A), que aumenta em relação à profundidade do horizonte (B/C) (95 %) (Stêpniewska e Woliñska. 2006). Este solo é muito fértil para a agricultura, com um elevado teor de matéria orgânica (65 %) e uma elevada capacidade de adsorção de água, encontrando-se maioritariamente nas planícies inundadas (Fig. 10). O delta e os mangais foram ocupados por solos salinos do tipo Sodic solon- ochak. É por isso que Mloka manteve o teor de água do solo mais elevado (5 Mvol %) e aumentou com a profundidade do horizonte.

O solo dominante no local de construção da barragem do desfiladeiro de Stiegler é o Fer-

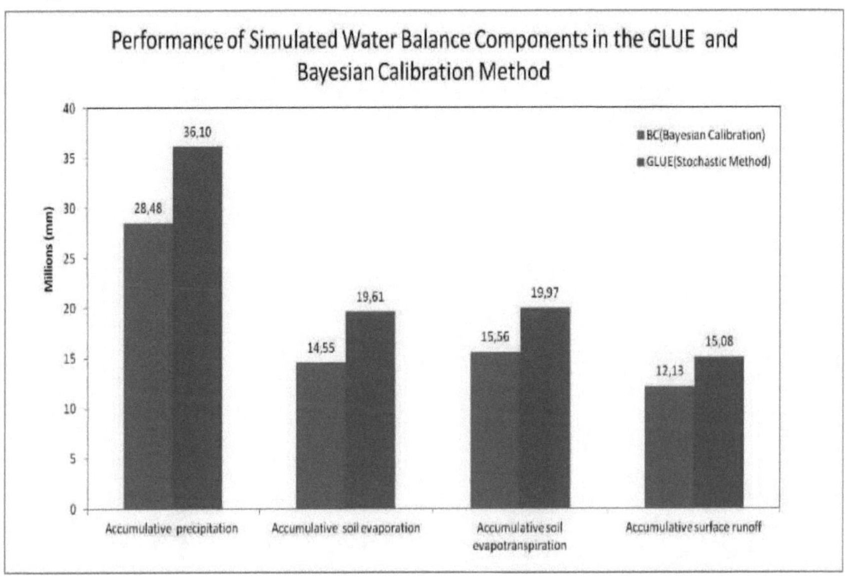

Figura 28. Resumo do desempenho da calibração entre o método GLUE e o método Bayesiano.Figura 20. A variabilidade a longo prazo da a) formação de nuvens e b) pressão de vapor do ar para o desfiladeiro de Stiegler.

Estes tipos de solo são fracos porque têm uma elevada infiltração que pode resultar em infiltrações e custos de construção de barragens. O teor de humidade do solo mais elevado encontra-se em Nyamwage (9,51 Mm3) (Fig. 25). Ikwiriri parece sofrer criticamente de seca do solo (177,3 Mm3) favorecida pela expansão de terra nua que acelera a evaporação do solo. A evaporação potencial de interceção mais elevada em Utete (0, 001379 Mm3), Nyamwage (0,001193 Mm3) e Mohoro (0,001369 Mm3) reflecte a cobertura vegetal disponível e está associada ao Índice de Área Foliar. A evapotranspiração elevada em Mohoro é influenciada pelo transporte de ar quente do oceano da Índia que aumenta a evapotranspiração da floresta de mangue no delta. A maior magnitude de absorção de água pelas plantas nesta região ocorre entre o final de maio e julho e tem lugar em três camadas de solo (1) não saturado

(0 - 20 cm) (2) aquífero superficial saturado 20 - 40 cm (3) aquífero saturado 40 - 60cm.

Os cobertos vegetais diminuem positivamente as taxas de evaporação do solo, os escoamentos superficiais e aumentam a transpiração. Contrariamente a isto, o solo agrícola nu e o assentamento de pavimentos aumentam o escoamento superficial e limitam a infiltração no aquífero. A maior amplitude do défice de humidade do solo é revelada em Nyamwage, que é duas vezes maior do que em Mloka (0,02 $_{Mmday-1}$). Este défice de água implica um balanço hídrico negativo porque a evapotranspiração potencial do solo é muito mais elevada do que a evaporação real do solo influenciada pela radiação líquida elevada 550000 $_{MJm-2dia-1}$ (Fig. 26).

4.3 Cenários de alterações climáticas

A alteração da precipitação e da temperatura desempenhou um papel importante nas condições do balanço hídrico. A avaliação das componentes do balanço hídrico simulado reflecte que a precipitação é uma componente dominante na LRB, que representa 1643,92 Mmm. A bacia da LRB tem uma temperatura média anual que varia entre 22.6^{0}C e 24.3^{0}C. O fluxo de vento na LRB é baixo, com uma média de 2,58 m/s e na maioria dos cenários é influenciado pelo Oceano Índico. Os resultados da simulação para a temperatura do ar no desfiladeiro de Stieglers apresentam um aumento da temperatura do ar desde 1980 e o pico mais elevado (4,1^{0}C) foi em novembro de 2010, tendo diminuído recentemente para 3,7^{0}C em 2012. Os aumentos de temperatura nesta região são influenciados pelo transporte de fluxos de ar quente provenientes da oscilação do Oceano Índico.

O aumento da temperatura está a promover gradualmente a evapotranspiração do solo, o que reduz a quantidade de precipitação, o escoamento da água do rio e a disponibilidade de humidade no solo no desfiladeiro de Stieglers e até mesmo na aldeia vizinha, como Mloka (Fig. 17). A análise de regressão da velocidade do vento retratou a diminuição da velocidade do vento desde 2000, o que, a longo prazo, influencia diretamente a escassez de precipitação na bacia. Mais importante ainda, a simulação das tendências da precipitação revelou que 37% da precipitação recebida flui como escoamento superficial e 61% é perdida através da evapotranspiração. Entretanto, o balanço hídrico simulado na área de construção da grande barragem de Stiegler's Gorge mostrou que 66% da precipitação recebida (267 Mmm) se perde por evapotranspiração e 24,62% flui como escoamento superficial, enquanto uma quantidade muito pequena de água (0,01%) é infiltrada no solo. O declínio da infiltração em Stiegler é afetado pela elevação acentuada e pela fraca capacidade de infiltração do solo. A maior magnitude da acumulação de escoamentos de águas superficiais registou-se entre 1962 - 1966 e, repetidamente, entre 1978 - 1990. A descarga fluvial simulada no desfiladeiro de Stieglers entre 2006 e 2012 indicou um aumento, embora a sua magnitude seja muito pequena. O modelo SWAT demonstrou ser uma ferramenta muito bem sucedida na previsão da descarga do rio nesta bacia. A concordância entre as descargas fluviais observadas e previstas é óbvia no modelo SWAT, no entanto, existem alguns atrasos e desvios na previsão (ou seja, diferença de amplitude) (Fig. 23). Isto deve-se às elevadas co-variedades e à fraca correlação entre os valores de descarga (Tabela 9). As provas históricas mostraram que cada aumento do escoamento superficial está associado a precipitação intensa, que foi recebida nessa altura (Fig. 26). Este aumento do escoamento superficial teve também um impacto nas águas subterrâneas

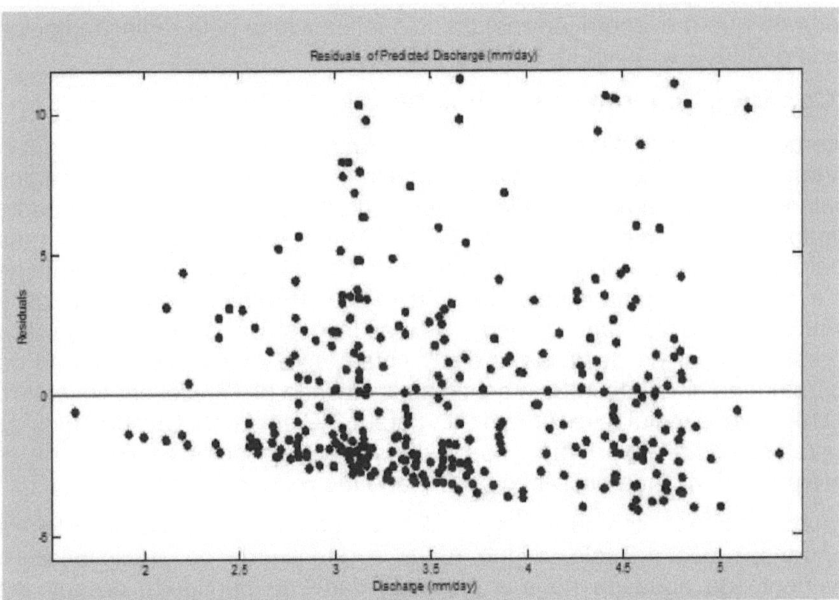

Figura 29. Os resíduos da descarga prevista do rio em Stiegler's Gorge (mm/dia).

armazenamento, como mostra a figura 26. A grave escassez de precipitação ocorreu entre 1974 e 1975, e 1992 e 1993. Os balanços hídricos simulados no desfiladeiro de Stiegler, área de construção de uma grande barragem de energia hidroelétrica, mostraram que o escoamento superficial (25 %) é duas vezes inferior ao escoamento superficial de Nyamwage (58 %) devido ao aumento da evaporação do solo de 177 Mmm por ano. O conteúdo de água do solo em diferentes camadas é constante ao longo do perfil do solo e o défice de humidade do solo a longo prazo é em Nyamwage (Fig. 26). A evapotranspiração extrema do solo foi observada em Ikwiriri (208 Mmm), o que contribuiu negativamente para a redução do escoamento superficial. Independentemente da evapotranspiração elevada que afecta Ikwiriri, ainda assim os resultados simulados mostraram balanços elevados de humidade do solo estimados em 7.3 Mmm que é definitivamente induzido por fluxos sub-superficiais a montante de Mloka, Nyamwage e Utete. Ambas as áreas em

Mloka, Nyamwage e Utete mostraram um alto nível de infiltração de água simulado para 0,01% da precipitação recebida. No entanto, a quantidade de nuvens varia consoante a estação do ano, as latitudes, as altitudes e as caraterísticas topográficas.

O máximo de nuvens encontra-se no equador e no hemisfério norte, na latitude 45 N, e na cintura de tempestades do Oceano Austral, na latitude 50-70 S. As nuvens aumentam tanto o albedo como a emissividade, o que cria um mecanismo de feedback positivo, aumentando o vapor de ar quente que aumenta o aquecimento da Terra. De facto, as nuvens definem a quantidade de precipitação e têm impactos diretos nos gases com efeito de estufa. Por exemplo, as nuvens densas aumentam o aquecimento global porque absorvem facilmente a radiação solar líquida global emitida pela superfície terrestre e demoram menos tempo a atingir o equilíbrio. Seja como for, atinge o equilíbrio; qualquer parte da radiação solar recebida é reflectida de volta para a superfície do solo, aumentando assim a evapotranspiração do solo. Ao contrário, os mais pesados, que estão sempre na tropo-esfera mais baixa, aumentam a precipitação e arrefecem a superfície do solo. O arco oriental da floresta tropical de montanha e a cobertura florestal de Miombo no noroeste da LRB aumentam a resistência aerodinâmica e a diferença de densidade das massas de ar, o que acelera a condensação das massas de ar e as barreiras à transferência do vapor de água condensado. Este processo aumenta o gradiente de pressão do vapor entre a superfície do solo e a atmosfera. No entanto, em grande medida, é aumentado pela velocidade do vento e pela elevada radiação global. Isto implica que a cobertura vegetal em Nyamwage está gravemente esgotada devido ao aumento das actividades agrícolas em grande escala e à desflorestação para a produção de madeira. De facto, o défice de humidade do solo torna-se crítico no verão. O declínio da humidade do solo aumenta as dificuldades e os custos de cultivo dos meios de subsistência, porque têm de ir buscar água ao rio para irrigação. Este aspeto é muito importante para que os decisores políticos considerem o mecanismo de crédito de carbono para o reforço sustentável que os agricultores têm de restaurar as suas florestas e terras degradadas. Ao fazê-lo, aumentará a diversificação dos recursos económicos para as pessoas pobres e mais vulneráveis. Prefiro argumentar que o défice de humidade do solo em Nyamwage está principalmente associado à desflorestação para a expansão agrícola em grande escala de biocombustíveis e culturas alimentares. Em grande medida, o défice de humidade do solo afecta diretamente o organismo biota porque reduz a transpiração e a decomposição dos processos dos organismos microbianos, principalmente a desnaturação e a mineralização. Além disso, o caso torna-se crítico no verão (maio-agosto). A evaporação do solo, os fluxos de águas superficiais e a variabilidade do armazenamento de águas subterrâneas na bacia inferior de Rufiji reflectem a procura de água para a agricultura e a segurança energética.

4.4 Cenário de utilização do solo

A desflorestação é uma das principais actividades de utilização dos solos, que está a afetar amplamente as condições do balanço hídrico na bacia inferior do Rufiji. A gravidade do défice de humidade do solo para a agricultura e as pastagens é proporcional às taxas de desflorestação, o que é óbvio em Ikwirirri, Nyamwage e Utete.

No entanto, os impactos podem ser descritos como impactos de seca a curto prazo porque ocorrem apenas durante a escassez de precipitação e a análise mostrou que não duram mais de seis meses. A estimativa do estado de seca foi feita através da quantificação da quantidade de humidade disponível no solo para as camadas não saturadas do solo. A seca do solo na LRB é classificada em quatro classes (1) seca anormal - humidade do solo entre 500 - 1000 Mm^3 por ano (2) seca moderada - teor de humidade do solo entre

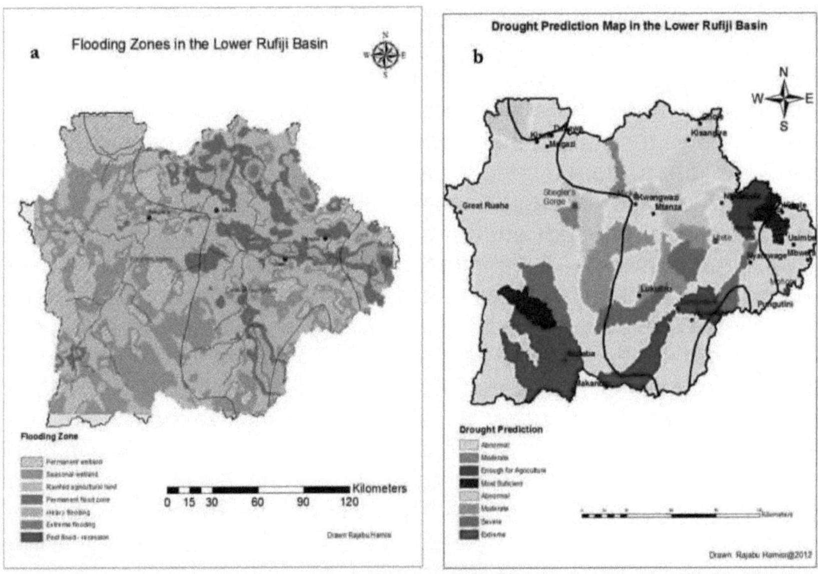

Figura 30. O mapa do LRB; a) Zonas de inundação agrícola e b) Previsão de seca.

1000 - 1700 Mm^3 por ano e (3) seca severa - humidade do solo entre 500 - 1000 Mm^3 por ano e (4) seca extrema - teor de humidade do solo inferior a 500 Mm^3. Do mesmo modo, o nível de humidade suficiente do solo foi classificado em quatro classes, nomeadamente humidade anormal, moderada, suficiente e suficiente para a agricultura. A classificação dos critérios de seca considerou as culturas de cereais mais húmidas, como o milho e o arroz.

Estes critérios foram selecionados sob os auspícios de que a obtenção de uma boa colheita de milho e arroz abrange uma vasta gama de requisitos de solo e humidade de (23 - 28%) e (20 - 26%) respetivamente. A área anormalmente seca representa uma área que está seca mas ainda não está numa situação de seca em que a humidade disponível possa ser usada para o crescimento das culturas. Os teores de humidade do solo suficientes em cada sub-bacia foram definidos para teores de humidade do solo superiores a 1700 Mm^3 por ano (Anexo 2). Por conseguinte, o processo de avaliação do teor de humidade do solo para um mapeamento razoável da seca do solo incluiu vários factores, alguns descritos pelas componentes do balanço hídrico nas equações 18 e pela condutividade hidráulica do solo. Os impactos das secas do solo a longo prazo foram tipicamente definidos como sendo superiores a 6 meses principalmente quando o teor de humidade do solo é inferior a 500 Mm^3 por ano.

Os impactos significativos da seca prolongada do solo afectam negativamente a hidrologia e a continuidade ecológica (Tabela 10). O mapa da seca (Fig. 26) representa que a seca extrema é proeminente na parte ocidental da aldeia de Nyamwage e na aldeia de Madaba, maioritariamente dominada pela agricultura de sequeiro. Isto implica que o desenvolvimento de esquemas de irrigação na parte ocidental de Nyamwage não será uma abordagem eficiente e efectiva devido à seca generalizada do solo. O sítio agrícola com maior potencial é identificado a sudoeste de da aldeia de Marimba e na parte norte da bacia do Baixo Rufiji, perto da aldeia de Ngulakula. A grande parte do vale ocidental, desde o desfiladeiro de Stieglers até ao vale de Kilombero, tem condições de humidade estáveis a longo prazo para a agricultura devido à grande disponibilidade de recursos hídricos superficiais que aumentam o teor de humidade do solo. Entretanto, a planície de inundação central é identificada como sendo a zona mais sensível à seca, caracterizada por mudanças na circulação do vento do Oceano Índico. A seca do solo na aldeia de Marimba é provocada pela existência de uma baixa resistência da superfície e pela compressão do ar seco devido à alta pressão na elevação altitudinal ocidental (Fig. 30).

A variabilidade da água no LRB varia em função das caraterísticas da paisagem. Os resultados da modelação mostraram que as sub-bacias com escassez absoluta de água subterrânea são muito influenciadas pela desflorestação, que aumenta consideravelmente as taxas de escoamento superficial e reduz recarga de água para o aquífero. Na primavera, a taxa máxima de evapotranspiração potencial (PET) aumentou a absorção de água pelas raízes das plantas e a absorção potencial total de água pelas plantas está a tornar-se crítica em Ikwiriri (207,9 Mm^3). Isto deve-se ao facto de, em Mloka, o ar atmosférico ser muito seco, o que também aumenta a evaporação do solo. A seca agrícola é muito proeminente em Ikwiriri. A disponibilidade de humidade à superfície em Ikwiriri parece ser muito afetada por escoamentos superficiais elevados devido ao aumento de solo nu e de povoações como resultado da urbanização. Ambos limitam a infiltração suficiente de água no solo. As taxas de seca do solo em Nyamwage são aumentadas pela velocidade do vento que sopra com um amplo teor de humidade do solo. O aumento da precipitação anual em Utete e Mloka é significativamente influenciado pelos fluxos de vento que transferem o vapor de água evaporado do Oceano Índico e a elevada altitude no desfiladeiro de Stiegler diminui a temperatura, enquanto a condensação do vapor de água quente dá origem a nuvens e depois a precipitação. Embora a cobertura de nuvens no desfiladeiro de Stiegler seja elevada (16,54%), é relativamente duas vezes inferior à cobertura total de nuvens (33%) estimada pela Universidade de Washington, Departamento de Ciências Atmosféricas (2001) para a tendência anual de cobertura de nuvens (1971 - 1996). Isto implica que a desflorestação tem um impacto na formação de nuvens porque reduz a densidade do vapor de água por unidade de área resultante da evapotranspiração, reduzindo assim as quedas de precipitação. É sabido que a relação entre o vapor de água e a massa de ar seco é regida por mudanças de altitude. Isto implica que a zona de altitude elevada, como o desfiladeiro de Stiegler, recebe uma precipitação elevada devido ao elevado processo de condensação. Normalmente, a condensação rápida ocorre quando o rácio da massa de vapor de água saturado é mais elevado do que a massa de ar seco. A elevada condensação, que implica a formação de nuvens

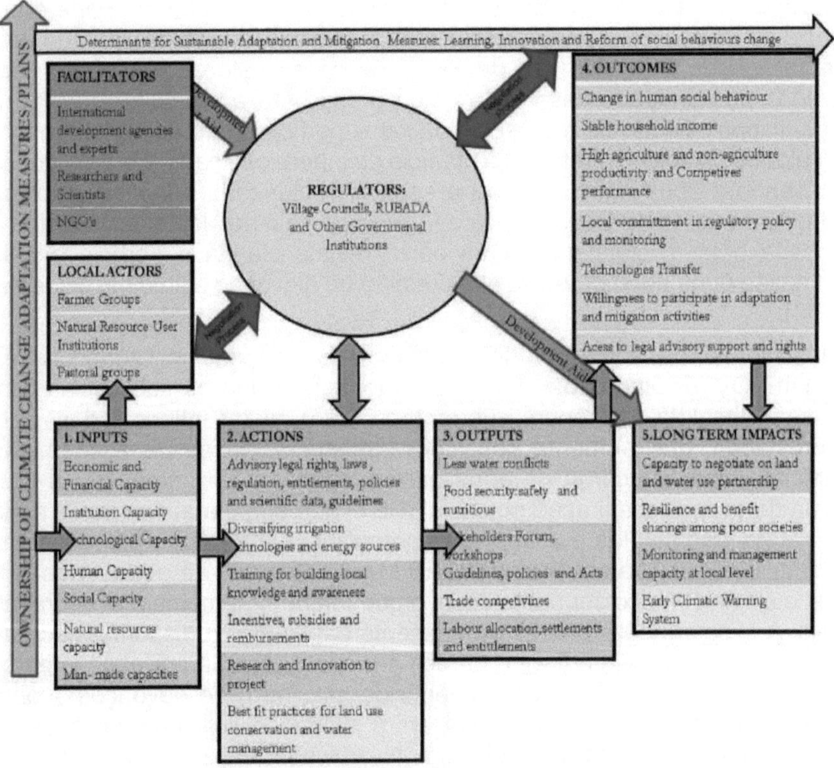

Figura 31. Estratégias de implementação de políticas sustentáveis de adaptação às alterações climáticas e de medidas de mitigação.

formação de chuva. É por isso que, nas zonas secas e de baixa altitude, a precipitação é baixa devido ao fraco processo de condensação. Em todos os processos, as florestas actuam como os principais reguladores, porque as taxas de evaporação mais elevadas ocorrem quando existe um elevado gradiente de pressão de vapor entre a superfície do solo e o ar atmosférico. Isto porque a parcela de humidade do ar é sempre transportada da região seca (não saturada) para as sub-bacias húmidas (saturadas).

4.5 Desafios futuros da barragem STIGO

Os desafios da construção de uma grande barragem STIGO são maiores do que as oportunidades, principalmente para o desenvolvimento da agricultura a jusante, as sociedades humanas e os serviços ecossistémicos. Assim, a produtividade da agricultura na bacia é dependente das cheias. A fim de equilibrar estes desafios, o projeto de inundação da barragem deve ser concebido de forma a que os recursos hídricos descarregados sejam suficientes para a produtividade agrícola a jusante, as sociedades humanas e a sustentabilidade dos ecossistemas. As estruturas potenciais para quantificar a água descarregada são os descarregadores e os caudais de fundo (condutas). Normalmente, o projeto dos descarregadores depende do tipo de barragem. Existem três tipos de barragens (1) barragem de aterro - 70% (2) barragem de betão - 25% (3) barragem de alvenaria ou madeira - 5%. As barragens de aterro são muito comuns na ASS. As barragens de betão como a barragem de gravidade, a barragem de contraforte, a barragem em arco, a barragem de laje contraforte e a barragem de contraforte são muito comuns na Europa. A barragem STIGO é classificada como barragem de primeira classe: 178 m de altura e 2500 m3/s de capacidade de descarga de cheia de projeto (Tabela 1) será afetada por elevadas taxas de evapotranspiração e armazenamento limitado de água. A análise anterior da Agrar-und Hydrotechnik recomendou quatro aspectos fundamentais. A agricultura sustentável a jusante da LRB, as saídas de fundo devem ser projectadas a 1:100 equivalente a 4000 m3/s. Para barragens de classe I como a STIGO, a capacidade de descarga dos descarregadores deve situar-se entre 2000 e 2100 m3/s e ser projectada para um período de retorno de 1000 anos. Na Suécia, por exemplo, as descargas dos descarregadores recomendadas para barragens de classe I são de 3400 m3/s e a cheia de projeto situa-se entre 2000 e

2100 m3/s (Yang et al, 2010).

4.6 Lições aprendidas com a modelação

Os resultados obtidos neste estudo sugerem que o modelo SWAT é uma ferramenta muito bem sucedida para prever os escoamentos em bacias hidrográficas complexas, grandes e não medidas, como a bacia do Baixo Rufiji. Do mesmo modo, o resíduo apresentado da descarga prevista do rio no desfiladeiro de Stiegler é muito pequeno (Fig. 29). No entanto, a distribuição dos resíduos indicou uma inclinação positiva. No entanto, a qualidade dos dados de descarga era muito baixa, mas mesmo assim os modelos identificaram parâmetros influentes para simular o escoamento das águas superficiais. A mudança na fase de previsão deveu-se à elevada variância e à diferença de média entre os dados simulados e observados. De facto, ambos os modelos mostraram uma concordância satisfatória entre os dados simulados e observados. Os resultados revelados da calibração e validação forneceram orientações sobre os principais parâmetros, factores e questões a considerar durante a análise dos cenários de utilização dos solos e de variabilidade climática, permitindo a cooperação em matéria de consumo de água entre a montante e a jusante. A força do SWAT e do CoupModel no apoio à decisão sobre as capacidades de adaptação individuais e institucionais é mutuamente caracterizada pela dimensão das incertezas dos resultados calibrados. A dimensão das incertezas simuladas foi útil para avaliar a distribuição dos parâmetros e as incertezas de calibração. Os compartimentos de armazenamento de água no modelo COUPM foram uma agregação de toda a bacia hidrográfica, enquanto no modelo SWAT a bacia hidrográfica foi dividida em unidades de resposta hidrológica (HRU) mais pequenas. O desempenho da previsão do modelo foi limitado pela estrutura, pela aproximação matemática, pelos métodos de calibração e pela qualidade dos dados e parâmetros de entrada, bem como pelo número de execuções de simulação. Por conseguinte, o CoupModel teve um melhor desempenho na simulação do PET e o SWAT foi o melhor modelo para a alteração da ocupação do solo. Em todos os modelos, a melhor concordância foi alcançada através de uma combinação de valores dos parâmetros do modelo.

4.7. Políticas sustentáveis de adaptação e mitigação

As políticas de adaptação e atenuação sustentáveis a longo prazo podem ser maioritariamente alcançadas sob o auspício da apropriação local. A implementação de programas sob apropriação local na maioria dos cenários desenvolve confiança, aceitabilidade e feedbacks, que, em conjunto, funcionam como o pilar para induzir mudanças de comportamento social, aprendizagem, inovação e adoção de novas tecnologias para um desempenho eficaz e eficiente da utilização da água e da terra para a produtividade agrícola e a competitividade comercial. Para atingir este objetivo, é necessário um quadro socioeconómico que promova uma parceria equitativa entre as partes interessadas e uma capacidade de infraestrutura de grande escala, capacidade económica e financeira, capacidade antrópica, capacidade natural, capacidade humana, capacidade social e institucional na construção de capacidade local e monitorização em tempo real, avaliação e planos de adaptação e programa de parceria (Fig. 31). A capacidade institucional deve reforçar as actividades através da governação participativa dos recursos naturais com base na comunidade. Essas actividades devem centrar-se numa parceria inteligente entre os utilizadores de água a montante e a jusante, na formação de leis e regulamentos.

A sustentabilidade destas actividades varia em função da capacidade de envolvimento das partes interessadas locais. Ao longo de todo o processo, o ser humano deve retirar benefícios das actividades de adaptação. Isto significa que as actividades de adaptação devem ser concebidas de forma a afetar continuamente o conhecimento, a criatividade, a inovação e a sensibilização através de formação, visitas ao terreno, fóruns e workshops. Isto implica que a equidade na partilha dos benefícios, as responsabilidades e a responsabilidade social são cruciais para criar confiança e apropriação do projeto por parte dos habitantes locais.

5 CONCLUSÃO

A modelação hidrológica das componentes do balanço hídrico é importante para melhorar a eficácia dos orçamentos e da gestão da água. As componentes do balanço hídrico na LRB são dominadas pela precipitação, que acumula 1643,92 Mmm. No entanto, é afetada pela desflorestação, pela elevação altitudinal e pelas alterações das condições meteorológicas no sudoeste da Tanzânia e pelos fluxos de ar quente provenientes do Oceano Índico. No entanto, foi difícil reconhecer os impactos dos sistemas de irrigação em grande escala LRB. A seca no sul da LRB está sujeita a desflorestação de grandes coberturas de árvores. Os resultados simulados do balanço hídrico no desfiladeiro de Stiegler mostraram que 55% da precipitação acumulada (36,1 Mmm) se perde através da evapotranspiração e 41,6% é um escoamento superficial.

A avaliação dos índices de desempenho dos modelos e a distribuição a posteriori dos valores comportamentais dos parâmetros justificaram que o método de calibração Linear Estocástico (GLUE) no CoupModel foi um método de calibração poderoso para cenários climáticos em comparação com a abordagem de calibração Bayesiana (BC). A calibração GLUE alcançou um valor elevado de Nash-Sutcliffe ($NSEr^2$ = - 6.34) e a descarga do rio simulada através da abordagem GLUE concordou satisfatoriamente com a descarga observada. O método de calibração GLUE conseguiu simular escoamentos superficiais de 2488 mm mais elevados do que a abordagem Bayesiana. Em todos os processos de calibração do GLUE, o método representou um elevado compromisso com a realidade. Diferentemente, o método de calibração GLUE no modelo SWAT apresentou o deslocamento da fase de previsão. Tal deslocamento foi contribuído pela diferença da média de calibração entre a descarga medida e a simulada. Assim, o desempenho do modelo, tal como apresentado neste estudo, foi grandemente afetado pela estrutura do modelo, pelos métodos de calibração e pelos erros nos dados de entrada.

O método de sensibilidade dos parâmetros foi considerado para as componentes do balanço hídrico: escoamento superficial, armazenamento de água subterrânea, escoamento de água no solo, evapotranspiração do solo, intensidade de radiação e absorção de água. Acima de tudo, os parâmetros CritThresholdDry e PsiRs_1p foram os mais influentes na regulação do consumo de água e da evapotranspiração do solo, respetivamente. A co-variância posterior também foi muito baixa para CritThresholdDry (-2.44E+034) e PsiRs_1p (-1.498E+034). Uma vez que a tendência da precipitação foi muito baixa, o fator de precipitação (PrecA0Corr) de 3 (menos uma unidade) foi aplicado para otimizar essa tendência próxima da realidade. Do mesmo modo, o parâmetro do coeficiente de superfície (surfcoef) para simular o escoamento superficial foi também optimizado para 0,8 mm. O método de otimização dos parâmetros para a evapotranspiração do solo atingiu o valor mais elevado do parâmetro do coeficiente de resistência da superfície do solo (PsiRs_1p') de 9200 mm. Por conseguinte, o melhor desempenho do modelo é encontrado durante a integração dos valores dos parâmetros. A força do modelo SWAT mostrou uma elevada capacidade e precisão na previsão do balanço hídrico no que respeita ao ajustamento dos valores dos parâmetros. Um aspeto importante foi o facto de as aplicações do modelo permitirem tanto a estimativa independente como agregada dos valores dos parâmetros, dando assim a oportunidade ao utilizador de decidir sobre o parâmetro a utilizar para melhorar a utilização da água ou os problemas relacionados com o clima. Do mesmo modo, as taxas de evaporação do solo variaram significativamente com o perfil e a profundidade do solo, a distribuição da densidade radicular e o índice de área foliar. O escoamento e a infiltração do solo foram grandemente afectados pela cobertura do solo. É importante notar que as taxas de evaporação do solo mudam com a estação, de montante em Stiegler para jusante em (aldeia de Mohoro). Esta variação foi contribuída por alterações das condições climáticas, fluxos de vento do oceano Índico, tempo do Sul da Tanzânia e parâmetros biofísicos acima e abaixo das superfícies da terra. Vários cenários de utilização terra na simulação SWAT indicam que a seca proeminente do solo e a sedimentação do rio no sul da LRB foram promovidas pela desflorestação. Os impactos dos sistemas de irrigação em grande escala não são bem conhecidos devido à informação limitada sobre o consumo de água.

As conclusões surpreendentes deste estudo revelaram que o sul da LRB é afetado negativamente pelo défice de humidade do solo a longo prazo (seca do solo), cuja gravidade está a expandir-se lentamente para a planície de inundação central. Por exemplo, o défice de humidade do solo simulado na aldeia de Nyamwage é muito elevado (0,44 Mmday^{-1}). Este défice é causado por taxas elevadas de PET que a espessura do perfil não saturado do solo. Este cenário limitou as interações solo-água entre os perfis do solo, reduzindo assim a produtividade da água do solo e dos microrganismos. As inundações na LRB são consideradas pela maioria das sociedades de Rufiji como um acontecimento vantajoso para ambas as partes. As cheias estimulam muitas actividades socioeconómicas, como a agricultura e pesca. No entanto, a sua ocorrência varia significativamente com a duração e a magnitude dos escoamentos pluviométricos e com os caudais dos rios a montante, o que significa que as actividades humanas a montante têm um impacto na formação da frequência das inundações na LRB. A análise mostrou que a tendência da precipitação na bacia está a diminuir lentamente (0,001%). Por outro lado, a pressão atmosférica do vapor e a intensidade da radiação solar são estáveis. Isto significa que se espera que a construção da grande barragem de STIGO provoque uma maior severidade na LRB. As principais contribuições deste estudo, ao utilizar as ferramentas de modelação hidrológica, geraram resultados importantes para as condições sazonais do balanço hídrico e identificaram as zonas mais secas na LRB. Estas conclusões ajudam as partes interessadas a tomar decisões fiáveis, a planear de forma eficiente e a gerir eficazmente os recursos hídricos disponíveis para a produtividade agrícola e a produção de energia hidroelétrica. As estratégias para o desenvolvimento da resiliência dos pequenos agricultores face às alterações climáticas e ao impacto da utilização dos solos requerem acções colectivas e coordenadas de gestão dos recursos hídricos, impulsionadas pela adaptação individual, institucional, financeira e tecnológica.

6 RECOMENDAÇÕES E ESTUDOS FUTUROS

Este estudo recomenda vivamente que a credibilidade e a fiabilidade do estudo de modelação hidrológica para apoiar as decisões das partes interessadas se baseiem na qualidade dos dados, nos índices de desempenho da simulação do modelo e na relação custo-eficácia desse modelo. A simplicidade do modelo e dos resultados é o fator mais importante no sistema de apoio à decisão. Uma vez que, neste estudo, a simulação do caudal de água é de alguma forma simplificada devido à falta de dados de medições diárias.

• São necessárias mais medições e monitorização no terreno para compreender em pormenor as condições hidrogeológicas de fronteira e os cenários de alterações climáticas.

• A força da previsão do modelo SWAT justificou a sua fiabilidade na bacia hidrográfica de grandes dimensões e não avaliada e o CoupModel produziu bons resultados para avaliar a qualidade dos dados e simular o PET.

- Os trabalhos futuros podem centrar-se numa maior colaboração em que a modelação será uma componente importante da comunicação e do desenvolvimento.

7 REFERÊNCIAS

Abbaspour, K.C. 2012. Manual do Utilizador do SWAT-CUP, Programas de Calibração e Análise da Incerteza do SWAT. Instituto Federal Suíço de Ciências e Tecnologias Aquáticas, Earwig, Duebendorf, Suíça.

Betrie, G.D., Mohamed. Y. A., Van Griensven. A., Srinivasan. R. 2011. Modelação da gestão de sedimentos na bacia do Nilo Azul utilizando um modelo SWAT. Hidrologia e *Ciência do Sistema Terrestre*. 15, 807-818.

Beven, K J, Zhang, D., Mermoud, A, 2006, On the value of local measurements on prediction of pesticide transport at the field scale. *Jornal da Zona de Vadoze*. 5, 222-233.

Birhanu. B.Z., Mkhandi. S, Mtalo, F.W., Kachroo. R. K. 2007. Hydrological study of hydropower and downstream water release. Conferência Internacional sobre pequenas centrais hidroeléctricas no Sri Lanka.

Chow, V. T. 1959. Open Channel Hydraulics, Mcgraw-Hill Book Company, Nova Iorque.

Grupo Consultivo para a Investigação Agrícola Internacional (CGIAR). 2012. A agricultura e a produção de alimentos contribuem com até 29% das emissões globais de gases de efeito estufa. Programa de Investigação do CGIAR sobre Alterações Climáticas, Agricultura e Segurança Alimentar (CCAFS). Dinamarca.

Duvail, S., Hammerlynck, O. 2007. A cheia do rio Rufiji: praga ou bênção? *Jornal* Internacional *de Biometeorologia*. 52, 33-42.

Organização das Nações Unidas para a Alimentação e a Agricultura (FAO). 2011. Base de dados do solo e do terreno para a África Oriental (SORTER), FAO-Roma.

Green, W. H, Ampt G.A. 1911. Estudos sobre a física do solo. O fluxo de ar e água através dos solos. *J Agric Sci*. 4, 11 - 24.

Hafslund, A.S. 1980. Desenvolvimento do Controlo de Energia e Cheias do Desfiladeiro de Stiegler. Relatório de Planeamento do Projeto, Vol. 1. Relatório de consultoria apresentado à RUBADA.

Hamerlynck, O. Duvail, S. Hoag, H. Yanda, Z. P., Paul, J. L. 2010. O Potencial de Irrigação em Grande Escala da Planície de Inundação do Baixo Rufiji: Realidade ou Mito Persistente? In: Calas, B. e Mumma Martinon C.A. (Eds.). Águas Partilhadas, Oportunidades Partilhadas: Hydropolitics in East Africa. Mkuki na Nyota Publishers Ltd, Instituto Francês de Investigação em África (IFRA) e Centro Jesuíta Hakimani. 219 - 234.

Hamerlynck, O., Duvail, S., Vandepitte, L., Kindinda, K., Nyingi, W. D., Paul, J.L., Yanda, Z. P., Mwakalinga, B. A., Mgaya, D. Y e Snoeks,. J. 2011. Ligar ou não ligar? Floods, Fisheries and livelihoods in thelower Rufiji floodplain lakes,Tanzania, Hydrological Scien- cies Journal, 56:8,1436 - 1451.

Havnevik, K. J. 1993. *Tanzania: The Limits to Development from Above*. Nordiska Afrikainstitutet Sweden em cooperação com *Nyota Publishers*, Tanzânia.

Hoag, J. H., Ohman, M.B. 2008. Turning water into power debates over the development of Tanzania's Rufiji River Basin. Imprensa da Universidade Johns Hopkins. 49, 1945-1985.

Hoag, J. H. 2003. Designing the delta:a history of water and development in the lower Rufiji River Basin, Tanzania. Tese de doutoramento, Universidade de Boston. 1945-1985.

Hoff, H. 2011. Understanding the Nexus. Documento de referência para a Conferência sobre o Nexo de Bona 2011: The Water, Energy and Food Security Nexus. Instituto do Ambiente de Estocolmo, Estocolmo.

Hough, J. 1986. Management alternatives for increasing dry season base flow in the miombo woodlands of Southern Africa. *Ambio*. 15, 341 - 346.

IPCC. 2000. Relatório Especial sobre Cenários de Emissões. N. Nakicenovic e R. Swat (eds.). Cambridge University Press, Cambridge, Reino Unido, pp. 570.

IPCC. 2011. Relatório especial do IPCC sobre fontes de energia renováveis e mitigação das alterações climáticas. Preparado pelo grupo de trabalho III do Painel Intergovernamental sobre Alterações Climáticas. Cambridge University Press, Cambridge, Reino Unido e Nova Iorque, NY. EUA. pp. 1075.

IPCC. 2007. Impactos, Adaptação e Vulnerabilidade. Contribuição do grupo de trabalho II para o quarto relatório de avaliação do Painel Intergovernamental sobre as Alterações Climáticas. Cambridge University Press, Cambridge, Reino Unido e Nova Iorque, NY, EUA, pp. 979.

IUCN. 2009. Hidrologia e Análise de Sistemas Volume 2. Desenvolvimento e Aplicação do Modelo de Sistema para a Avaliação do Caudal da Bacia do Rio Pangani. Moshi, pp. 62.

Jansson, P.-E. 1998. Simulating Model for Soil Water and Heat Conditions, Description of the SOIL model, Swedish University of Agricultural Sciences, Department of Soil Sciences, Division of Agricultural Hydrotechnics, Uppsala. 98:2.

Karlberg, L., Jansson, P.-E., Gustafsson, D. 2007. Avaliação baseada em modelos de sistemas de irrigação por gotejamento de baixo custo e estratégias de gestão usando água salina. *Ciência da Irrigação*. 25:4, 387 - 399.

Kashaigili, J. Japhet, Mahoo, F. Henry, McCartney, M., Lankford, A. Bruce, Mbilinyi, P. Boniface e Mwanuzi, L. Fredrick. 2005. Modelação Hidrológica Integrada de Zonas Húmidas para Gestão Ambiental: The Case of the Usangu Wetlands in the Great Ruaha Catchment, Universidade de Agricultura de Sokoine, Tanzânia.

Kizito, F. 2012. Improving Agricultural Water Management through Decision Support System (DSS). Instituto Internacional de Gestão da Água (IWMI), Colombo, Sri Lanka.

Lugenja, M. Meena, E. Hubert e Mwakifwamba S. 2005.Analysis of Technical and Policy Options for Adaptation to Consequences of Climate Change for Tanzania. Rufiji Background Re- port.Netherlands Climate Change Assistance Programme (NICAP). Centro para a Energia, *Ambiente, Ciência e Tecnologia* (CEEST). Dar Es Salaam. Tanzânia

Mann, E. M., Kump, R. L. 2009. Dire Predictions: Understanding global warming ,The illustrated guide to the findings of IPCC - Intergovernmental Panel on Climate Change. Daniel Kaveney (DK) Publishing, Inc. Nova Iorque. 1004.USA.

Mwami, A. e Kamata, N. 2011. Land Grabbing num período pós-investimento e reação popular na bacia do rio Rufiji.

Mwandosya, M. J, Burhani S. Nyenzi e Mathew L. Luhanga, 1998. The assessment of Vulnerability and Adaptation to Climate Change Impacts in Tanzania (Avaliação da Vulnerabilidade e Adaptação aos Impactos das Alterações Climáticas na Tanzânia). Centro de Energia, *Ambiente, Ciência e Tecnologia* (CEEST). Tanzânia.

Gabinete Nacional de Estatística (NBS) e Gabinete do Comissário Regional da Costa. 2007. Perfil Socioeconómico da Região da Costa. Coordenado pelo Ministério do Planeamento, Economia e Empoderamento. Dar Es Salaam. Tanzânia. Segunda edição.

Neitsch, L. S., Arnold, G. J., Kiniry, R. J., Williams, R. J. 2011. Ferramenta de Avaliação do Solo e da Água, Documentação Teórica Versão 2009. Grassland Soil and Water Research Laboratory-Agricultural Resarch Service, Blackland Resaerch Center, Texas AgriLife Research. Instituto de Recursos Hídricos do Texas. Relatório técnico n.º 406. Texas A e M University System College Stations, Texas. 77, 843 - 2118.

Ochieng, A. C, 2002. Projeto de Gestão Ambiental de Rufiji (REMP): Gestão Ambiental e Conservação da Biodiversidade das Florestas, Bosques e Zonas Húmidas do Delta de Rufiji e da Planície de Inundação. Plano Diretor de Investigação para a Planície de Inundação e Delta de Rufiji 2003 - 2013. REMP, Dar es Salaam, Relatório Técnico. 28.

Rohli, V. Robert e Vega, J. Anthony, 2008. Climatologia. 1ª Ed. Jones and Bartlett Publishers International, Londres, Reino Unido. *Jones and Bartlett Publishers* Canada. Mississauga. Ontário. Canadá. pp. 467.

Sandberg. A, 2004. Institutional Challenges to Robustness of Flood Plain Agricultural Systems (Desafios institucionais à robustez dos sistemas agrícolas de planícies aluviais). Faculdade da Universidade de Bodo. Noruega.

Seibert, Jan. 1997. Estimation of Parameter Uncertainty in the HBV Model

(Estimativa da Incerteza dos Parâmetros no Modelo HBV). Universidade de Uppsala, Instituto de Ciências da Terra, Departamento de Hidrologia, Suécia. *Nordic Hydrology*. 28:5, 247 - 262.

Setegn, S.G., Srinivasan R., Dargahi B. 2008. Modelação hidrológica na bacia do lago Tana, Etiópia, utilizando o modelo SWAT, The Open *Hydrology Journal*, 2: 25 - 38.

Setegn, S.G, Srinivasan R., Melesse, A.M., Dargahi, B. 2009. Aplicação do modelo SWAT e análise da incerteza das previsões na bacia do lago Tana, *Etiópia. Hydrology Process*. 24, 357 - 367.

Stêpniewska, Zofia e Wolinska, Agnieszka. 2006. A Influência do Potencial Hídrico na Microdifusão de Oxigénio num Fluvisol Eutrófico e num Histossolo Eutrófico. *Jornal* Polaco *de Ciência do Solo*. 2.

Tanesco. 2011. O sector da energia na Tanzânia, ESI África, 2:16.

Thornton, E. P., Running, W. S. 1998. Um algoritmo melhorado para estimar a radiação solar diária incidente a partir de medições de temperatura, humidade e precipitação Numerical Terradynamics Simulation Group, School of Forestry, The University of Montana, Missoula, USA.

Convenção das Nações Unidas de Combate à Desertificação (UNCCD). 2013. Global Land Degradation by Region [Degradação global da terra por região]. Imprimerie. Luxemburgo.

Serviço de Conservação do Solo do USDA. 1972. National Engineering Hand Book Section 4 Hydrology. Chapter. 4 - 10.

Vrugt, J. A., Ter Braak, C. F., Gupta, H. V., Robinson, B. A. 2008. Equifinalidade das abordagens bayesianas formais (DREAM) e informais (GLUE) na modelação hidrológica? Stoch Environ Res Risk Assess. DOI: 10.1007/S00477, 008 - 0274.

Projeto de Engenharia de Recursos Hídricos (WREP), Universidade de Dar es Salaam (UDSM). 2003. Projeto de Gestão Ambiental de Rufiji: Gestão ambiental e conservação da biodiversidade das florestas, bosques e zonas húmidas do delta do Rufiji e da planície aluvial. Desenvolvimento de um modelo computorizado de aviso de cheias e estudo das caraterísticas hidrológicas da planície de inundação do baixo Rufiji e do delta. WREP - UDSM, Relatório Técnico. 14.

Yang, J., Engstrom, M., Nillsson, C. 2010. Segurança hidráulica da gestão de cheias extremas em Edensforsen. *Hydrovision International*, Charlotte. NC. EUA.

8 OUTRAS REFERÊNCIAS

Administração Nacional da Aeronáutica e do Espaço (NASA). 2012. Earth's Energy Budget. Acedido online neste link. http://science-edu.larc.nasa.gov/energy_budget/pdf/Energy_Budget_Litho_10year .pdf. em 2012-11-20.

Apêndice 1. Resumo dos dados climáticos da Tanzânia registados pela NOAA .

Station Name	Code	No.of Observ.	Annual Mean Temp (C)	Climatic Conditions	Diurnal ΔTemp (C)	Dew (C)	Annual Mean Press. (Pa)	Visibi (km)	Wind peed (m/s)	Lat. (S)	Long. (E)	Elev. (m)
Kagera	637290	6343	22.5	Mild dry	6.9	23.0	43702	33.9	7.6	-1.33	31.82	1143
Arusha	637890	4985	20.6	Mild winter	9.4	26.0	3201	30.0	9.8	-3.33	36.63	1387
Dar	638940	14836	25.7	Hot Humid	9.3	19.1	51807	33.0	6.4	-6.87	39.20	53
Dodoma	638620	9476	23.0	Hot. arid	10.7	35.5	57572	35.1	11.7	-6.16	35.77	1120
Karonga	638700	8307	26.7	Hot arid	4.7	38.6	51093	36.6	9.6	-7.84	38.16	505
Iringa	638870	7068	21.1	Mild dry winter	9.2	35.4	59879	38.4	9.4	-7.63	35.77	1428
Kigoma	638010	6469	24.1	Hot arid	10.5	10.3	69462	27.6	6.6	-4.88	29.67	824
KIA	637910	10170	23.5	Mild winter	10.9	15.9	47939	34.3	7.7	-3.42	37.07	896
Kilwa Masoko	639193	9	26.8	Hot Humid	2.6	25.1	0	11.3	4.1	-8.93	39.52	18
Mbeya	639320	9186	18.5	Mild Winter	10.9	24.1	50561	36.8	9.5	-8.93	33.47	1758
Mombo	638180	1453	25.9	Hot arid	10.0	24.2	0	40.2	4.8	-4.88	38.28	511
Morogoro	638660	66265	24.8	Hot semiarid	10.8	28.8	40768	34.7	8.2	-6.83	37.65	526
Moshi	637900	4555	23.8	Mild Winter	4.0	26.7	47117	46.5	13.3	-3.35	37.33	831
Mtwara	639710	7632	26.2	Hot Humid	-0.5	36.2	40069	38.6	10.1	-10.27	40.18	113
Musoma	637330	7298	24.0	Hot arid	10.1	27.1	49197	36.0	8.9	-1.50	33.80	1147
Mwanza	637560	10168	23.3	Hot Humid	5.9	24.4	56136	37.9	9.7	-2.47	32.92	1140
Pemba	638450	1249	27.6	Hot Humid	-12.6	33.0	6220	48.8	19.9	-5.25	39.82	25
Same	638160	4216	23.7	Dry and Wind	9.5	30.8	44261	42.2	14.5	-4.08	37.72	872
Shinyanga	637840	507	23.7	Hot Arid	12.6	34.8	83789	35.8	14.6	-3.65	33.35	1000
Malya	639003	682	25.0	Hot arid	8.6	3.4	0	31.9	7.8	-3.50	33.00	1100
Songea	639620	6995	22.0	Hot arid	8.9	29.0	54079	34.6	8.1	-10.67	35.58	1036
Rukwa	638810	2839	19.4	Hot. arid	11.8	32.6	71121	22.3	5.2	-7.97	31.63	1923
Tabora	638320	8003	23.7	Hot. arid	10.3	32.0	59956	32.4	9.2	-5.08	32.83	1182
Tanga	638450	1249	27.6	Humid	-12.6	37.0	6220	48.8	19.9	-5.08	39.07	35
Zanzibar	638700	8307	26.7	Hot Humid	4.7	38.6	51093	36.6	9.6	-6.22	39.22	18

Apêndice 2. Estimativa do estado de seca na bacia do Baixo Rufiji.

Grid	Area, A(m2)	Acc.Pre,	Runoff, R(Mm3	Soil	P ET (Mm3)	Ground Water	Infiltr. Qperc	Soil Mois-	SW(T)	Drought intensity	Remarks of the Impacts
1	227914	60739	14951	40272	44831	1.67	6.07	1682	726	Abnormally dry	Reversible and temporary effects
4	415818	110815	27278	73475	81791	3.05	11.07	3069	1325	Moderate drought	Less quensequences on agriculture
6	54867	14622	3599	9695	10792	0.40	1.46	405	175	Extreme drought	Adversely effect on on agriculture
7	874752	233121	57384	154569	172064	6.42	23.29	6456	2788	[illegible]	Limited quencequences
11	250419	66737	16427	44249	49257	1.84	6.67	1848	798	Abnormally dry	Reversible and temporary effects
15	695117	185249	45600	122827	136730	5.10	18.50	5130	2216	[illegible]	Limited quencequences
16	130251	34712	8544	23015	25620	0.96	3.47	961	415	Extreme drought	Adversely effect on agriculture
17	247532	65967	16238	43739	48690	1.82	6.59	1827	789	Abnormally dry	Reversible and temporary effects
18	428330	114150	28098	75686	84253	3.14	11.40	3161	1365	Moderate drought	Less quensequences on agriculture
19	68530	18263	4496	12109	13480	0.50	1.82	506	218	Extreme drought	Adversely effect on on agriculture
20	553374	147474	36301	97781	108849	4.06	14.73	4084	1764	[illegible]	Limited quencequences
21	85976	22913	5640	15192	16911	0.63	2.29	635	274	Extreme drought	Adversely effect on agriculture
22	244390	65130	16032	43184	48072	1.79	6.51	1804	779	Abnormally dry	Reversible and temporary effects
23	836	223	55	148	164	0.01	0.02	6	3	[illegible]	Limited quencequences
24	131087	34935	8599	23163	25785	0.96	3.49	967	418	Extreme drought	Adversely effect on agriculture
26	193229	51496	12676	34144	38008	1.42	5.14	1426	616	Abnormally dry	Reversible and temporary effects
27	24218	6454	1589	4279	4764	0.18	0.64	179	77	Extreme drought	Adversely effect on agriculture
28	256856	68452	16850	45386	50524	1.88	6.84	1896	819	Abnormally dry	Reversible and temporary effects
30	90726	24178	5952	16031	17846	0.67	2.42	670	289	Extreme drought	Adversely effect on agriculture
31	349143	93047	22904	61694	68676	2.56	9.29	2577	1113	Moderate drought	Less quensequences on agriculture
32	172056	45853	11287	30402	33843	1.26	4.58	1270	548	Abnormally dry	Reversible and temporary effects
34	55028	14665	3610	9723	10824	0.40	1.46	406	175	Extreme drought	Adversely effect on agriculture
35	272023	72494	17845	48066	53507	2.00	7.24	2008	867	Abnormally dry	Reversible and temporary effects
36	152901	40748	10030	27018	30076	1.12	4.07	1128	487	Extreme drought	Adversely effect on agriculture
42	222976	59423	14627	39400	43859	1.64	5.94	1646	711	Abnormally dry	Reversible and temporary effects
45	150800	40188	9892	26646	29662	1.11	4.01	1113	481	Extreme drought	Adversely effect on agriculture
53	502543	133928	32967	88799	98850	3.69	13.38	3709	1602	Moderate drought	Less quensequences on agriculture
56	187746	50034	12316	33175	36930	1.38	5.00	1386	598	Abnormally dry	Reversible and temporary effects
57	456345	121616	29936	80636	89763	3.35	12.15	3368	1455	Moderate drought	Less quensequences on agriculture
59	31938	8511	2095	5643	6282	0.23	0.85	236	102	Extreme drought	Adversely effect on agriculture
64	446580	119014	29296	78911	87842	3.28	11.89	3296	1423	Moderate drought	Less quensequences on agriculture
65	156950	41827	10296	27733	30872	1.15	4.18	1158	500	Extreme drought	Adversely effect on agriculture
66	364785	97215	23930	64458	71753	2.68	9.71	2692	1163	Moderate drought	Less quensequences on agriculture

67	265222	70682	17399	46865	52169	1.95	7.06	1957	845	Abnormally dry	Reversible and temporary effects
69	61584	16412	4040	10882	12114	0.45	1.64	454	196	Extreme drought	Adversely effect on agriculture
70	320623	85446	21033	56654	63067	2.35	8.53	2366	1022	Moderate drought	Less quensequences on agriculture
72	165815	44190	10877	29300	32616	1.22	4.41	1224	529	Abnormally dry	Reversible and temporary effects
74	23176	6176	1520	4095	4559	0.17	0.62	171	74	Extreme drought	Adversely effect on agriculture
75	295603	78778	19392	52233	58145	2.17	7.87	2182	942	Abnormally dry	Reversible and temporary effects
76	385118	102634	25264	68050	75753	2.83	10.25	2842	1228	Moderate drought	Less quensequences on agriculture
78	106752	28449	7003	18863	20998	0.78	2.84	788	340	Extreme drought	Adversely effect on agriculture
80	300416	80061	19707	53084	59092	2.20	8.00	2217	958	Abnormally dry	Reversible and temporary effects
81	736305	196225	48302	130105	144831	5.40	19.60	5434	2347	[illegible]	Limited quencequences
82	213011	56767	13974	37639	41899	1.56	5.67	1572	679	Abnormally dry	Reversible and temporary effects
83	7228	1926	474	1277	1422	0.05	0.19	53	23	Extreme drought	Adversely effect on agriculture
84	341466	91001	22400	60337	67166	2.51	9.09	2520	1088	Moderate drought	Less quensequences on agriculture
95	621236	165559	40753	109772	122197	4.56	16.54	4585	1980	[illegible]	Limited quencequences
96	192417	51279	12623	34000	37848	1.41	5.12	1420	613	Abnormally dry	Reversible and temporary effects
Extreme drought	Soil Moisture	Abnormally dry	Soil Moisture Be-	Moderate	Soil Moisture Between 1700 and 1000Mm^3	[illegible]	Soil Moisture content higher than 1700Mm3				

Printed by Books on Demand GmbH, Norderstedt / Germany